U0166586

加拿大农业部项目PERD（Program on Energy Research and Develop）
和 SAGES（Sustainable Agriculture Environmental Systems）

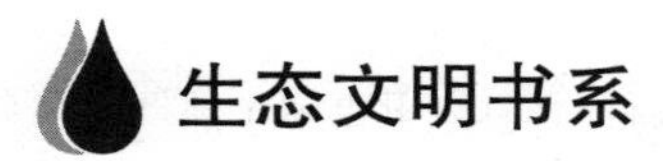

气候变化与新能源

利用边际土地开发生物质能源

刘婷婷　马忠玉　著

图书在版编目(CIP)数据

气候变化与新能源：利用边际土地开发生物质能源/刘婷婷，马忠玉著. —北京：商务印书馆，2021(2023.8 重印)
(生态文明书系)
ISBN 978-7-100-16133-6

Ⅰ.①气… Ⅱ.①刘… ②马… Ⅲ.①生物能源—能源开发—研究—中国 Ⅳ.①TK6

中国版本图书馆 CIP 数据核字(2018)第 109256 号

气候变化与新能源：利用边际土地开发生物质能源
刘婷婷 马忠玉 著

商 务 印 书 馆 出 版
(北京王府井大街36号 邮政编码100710)
商 务 印 书 馆 发 行
北 京 通 州 皇 家 印 刷 厂 印 刷
ISBN 978-7-100-16133-6

2021 年 3 月第 1 版　　开本 710×1000 1/16
2023 年 8 月北京第 2 次印刷　　印张 13 1/2

定价：78.00 元

目 录

第一章　绪论

第一节　研究利用边际土地开发生物质能源的背景

随着世界能源需求的增加以及全球对气候变化问题的关注，生物质能源的发展已成为各国保证能源安全和应对气候变化的重要发展战略之一。生物质能源不仅能够为国家可再生能源的供给做出贡献，与煤、石油等化石燃料相比，生物质能源还具有减少温室气体排放的“碳中性”潜质。

生产生物质能源的原料主要包括玉米、小麦等粮食作物，含有纤维素类的能源作物和废弃生物质等。目前，大多数国家生产生物质能源还是以玉米乙醇等第一代生物燃料为主。然而，随着粮食作物用于生产生物质能源需求的不断增大，将导致“与粮争地”的矛盾以及国际粮价的严重波动。“粮食”与“燃料”之间的竞争已经引起联合国组织、世界各国政府、专家和学者的热烈讨论与广泛关注。如何消除发展生物质能源过程中对粮食安全所造成的威胁，已经成为一个前沿且重要的研究课题。

一、生物质能源发展需求高

随着经济的快速发展，全球各国对能源的需求与依存度日益增高。中国自1993年以来，已从石油出口国变成了石油净进口国。据专家预测，2020年中国石油进口依存度将达到65%左右。这种能源对外依存度的增高，将增加整个国家的经济安全风险，不利于社会长期可持续发展。可再生能源的开发利用，将能极大程度缓解能源危机与国家战略能源的对外依存度。因此，可再生能源的发展显得尤为关键和重要。在过去的几年中，已经有100多个国家确立了各种可再生能源发展目标。表1-1总结了不同国家未来可再生能源的发展目标。根据不同的资源禀赋、技术水平和投资总量，各个国家制定了不同的可再生能源发展目标。大多数国家均计划在2008～2020年，将可再生能源消费比例增加至占最终能源消费总量的5%～20%（REN21，2010）。我国的可再生能源发展目标是到2020年，可再生能源占最终能源消费总量的15%。美国和加拿大没有建立最终的国家可再生能源发展刚性目标，但也都在积极地发展可再生能源。

表1-1　各国可再生能源占最终能源消费比例的发展目标

国家/区域	2008年所占比例（%）	2020目标值（%）
世界	19.0	—
欧盟27国	10.3	20
奥地利	28.5	34
捷克	4.1	13
丹麦	18.8	30（2025年）
芬兰	30.5	38
法国	11.0	23
德国	8.9	18
希腊	8.0	18
意大利	6.8	17
葡萄牙	23.2	31
西班牙	10.7	20
瑞典	32.0	49
英国	2.2	15
中国	9.1	15

资料来源：Renewables 2010：Global status report，Renewable Energy Policy Network for the 21st Century，2010，http://www.ren21.net/。

生物质能源是一种重要的可再生能源。如图1-1所示，2008年全球可再生能源占能源总消费的19%，其中生物质能源占可再生能源消费总量的比例超过71%。

许多国家在发展可再生能源的过程中，均非常重视生物质能源的发展，这主要是由生物质能源的特质所决定的。生物质能是以生物质为载体的化学态能量，生物质体可以稳定地储存能量；从生物的全生命周期来看，生物质能可以实现碳的零排放；而且生物质能包括生物燃料和生物质发电，能源形

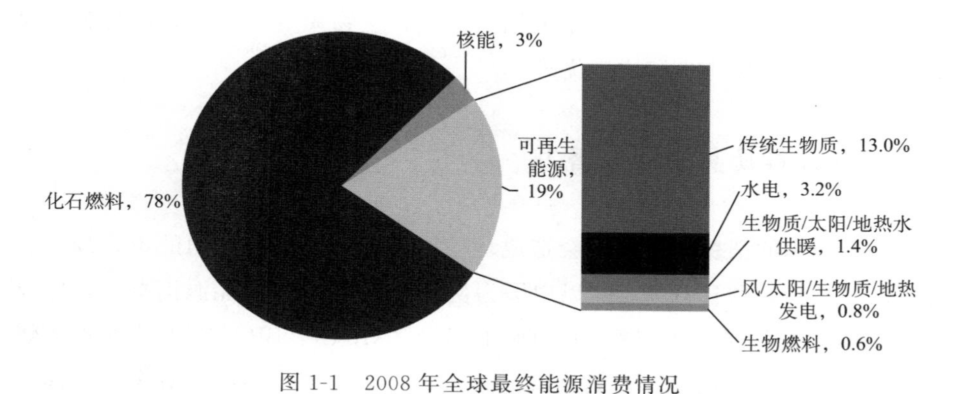

图 1-1 2008 年全球最终能源消费情况

资料来源：Renewables 2010：Global status report，Renewable Energy Policy Network for the 21st Century，2010，http://www.ren21.net/。

式种类多样，具有代替化石能源的潜力。美国在发展生物质能源方面已经采取了重要举措，其中包括 2008 年 5 月美国国会通过的一项加速生物质能源发展的法案，法案中要求美国 2018 年后生物柴油需要占燃油消费量的 20%。根据《2010 年美国能源展望》中的估测，发展生物燃料可以使美国对进口原油的依赖在未来 25 年内下降至 45%，到 2035 年美国生物燃料可满足液体燃料总体需求量的增长。除了生物燃料，生物质发电也发挥重要作用，2008～2035 年，美国生物质发电增长将占非水电可再生能源发电总增长的 49.3%。在巴西，目前生物燃料产值已超过信息产业，GDP 占比达到 8%，排在第一位。日本的生物质资源较为贫乏，但也提出了“生物质日本”的战略，由“石化日本”向其转变。印度从 2004 年开始了石油和农业领域的改革，并出台制定了相关的法令促进生物能的发展，其中就规定 2011 年印度的运输燃料中添加的生物乙醇比例要达到 10%，违反者将承担相应的法律制裁（中国能源网，2010）。加拿大生物燃料的目标是 2010 年汽油中可再生能源比例要达到 5%（已实现），2012 年柴油和取暖油中可再生能源比例要达到 2%。根据我国制定的《可再生能源中长期发展规划》，力争到 2020 年可再生能源消费量占能源消费总量的比例达到 15%。虽然我国生物质能源较为丰富，但是目前我国生物质能源（商品化的）占一次能源消费量的比例仅为 0.5%（黄惠勇，2010）。

生物质能源已日渐成为可再生能源发展的主导种类之一，它在可再生能源中具有独特地位。中国和加拿大幅员辽阔，生物质资源丰富，均具有较大的生物质能源开发潜力和比较优势。

二、生物质能源具有减排潜力

化石能源的消费比重过高会造成环境污染，能源消费结构的不合理，会使得环境污染问题日益突出。以中国为例，2010年的一次能源消费中，原煤占70.5%，耗煤量为1 713.5百万吨油当量（Mtoe）（BP，2011）。煤的燃烧会产生大量的二氧化碳、二氧化硫、氮氧化物以及烟尘污染。对煤和石油等化石能源的大量消耗会造成多种环境污染，尤其是增加温室气体的排放量。因此，改变能源结构，增加可再生能源消费所占比重，对环境保护具有重要意义。

生物质是指通过光合作用而形成的各种有机体，包括农作物秸秆、林业剩余物、油料植物、能源作物、生活垃圾和其他有机废弃物等（王仲颖等，2009）。生物质是一种典型的低碳燃料，它具有两方面特点：一方面，生物质燃烧获得单位能量的温室气体排放量约是化石能源获得相同能量的1/8；另一方面，从生物质的整个生命周期来看，温室气体的净排放为零，是“碳中性”（carbon neutral）的（程序，2009）。但近几年有很多关于生物质能不利于减排二氧化碳的讨论，主要是源自舍琴格（Searchinger）等和法尔焦内（Fargione）等在《科学》（*Science*）（2008）上发的两篇文章，其中提出了“碳债”（carbon debt）的概念，文中介绍了在东南亚地区砍伐热带雨林和开垦湿地来种植能源作物，会释放大量的碳封存量（Searchinger *et al.*，2008；Fargione *et al.*，2008）。很多人根据文章断章取义，只引用了结论而没有关注前提，认为发展生物质能源可能会适得其反，同时对边际土地的使用也存有疑虑。但是，美国学者莫里斯（Morris）根据舍琴格等在论文中提供的数据进行推算，发现到2007年，美国玉米乙醇的碳净排放其实仍然是负值；如果考虑第二代纤维类乙醇，即使能源作物（柳枝稷或杂交杨树等）占用休耕地，温室气体的减排作用还是巨大的（Morris，2008）。中国农业大学程序（2009）也指出，否定生物燃料的环境和减排效益是缺乏根据的。

三、发展生物质能源可能引发粮食安全问题

虽然各国政府都在快速发展生物质能源，但是开发生物质能源可能产生的负面影响也引起了社会各界的广泛关注。其中最受关注的问题之一即为生物质能源生产与粮食生产对资源的竞争所导致的粮食安全危机。正如联合国粮食及农业组织（Food and Agriculture Organization，FAO）在“2009世界粮食不安全状态”报告中所言，引发粮食不安全的两个主要原因分别是粮食价格的激增和金融危机。而生产生物质能源对土地资源和粮食的需求是引发粮食价格升高的一个潜在驱动力。同时，生物质能源发展所引起的一系列变化及其所带来的风险都将可能影响粮食安全。据国际粮食政策研究所（International Food Policy Research Institute，IFPRI）预测，假定石油价格一直处于较高水平，到2020年，全球生物燃料产量的快速增长将推动油料价格上涨76%，玉米价格上涨41%，小麦价格上涨30%。粮食价格上涨，将对依赖粮食进口的国家和低收入人群造成威胁，同时还可能使营养不良的人口数量增加（涂圣伟、蓝海涛，2011）。

与此同时，随着世界人口增长和欠发达地区生活水平的提高，食物消费需求会不断增加。但由于耕地资源有限，稳步提高粮食综合生产能力的难度日益增大。同时，由于城市化发展等原因，耕地资源在不断减少，这进一步增加了粮食供给的压力。据中国科学院国情分析小组估测，尽管我国现有耕地面积约为1.218亿公顷，居世界前列，但人均耕地面积远低于世界平均水平。联合国粮食及农业组织规定人均耕地面积不低于0.05公顷，我国却有666个县的人均耕地面积低于这一水平（黄惠勇，2010）。粮食安全始终是保障国家安全的重要组成部分。因此，我国生物质能源的发展规模、发展方式与途径必须谨慎抉择。

如何消除发展生物质能源过程中对粮食安全所造成的威胁，已经成为一个前沿且重要的研究课题。为应对发展生物质能源对粮食安全产生的威胁，利用边际土地[①]种植能源作物[②]，既可以缓解生物质生产与粮食生产对有限耕

---

① 第二章将对边际土地概念进行准确界定。

② 能源作物是种植用来作为生物质原料和直接燃烧的植物，一般指非粮食作物，包括草本植物和木本植物。本书研究了两种北美主要的能源作物：柳枝稷和杂交杨树。第三章将对其进行定义。

地资源的竞争，又可以减轻对粮食作物的依赖。我国的基本国情是人口众多而耕地资源较少，因此，发展生物质产业的原则应是在保证粮食安全的前提下再发展生物质能源。那么，如何既保证生物质产业的发展以减少对石油的过度依赖，又保障粮食安全？石元春院士提到："如果每年将全国50%的作物秸秆、40%的畜禽粪便、30%的林业废弃物以及约550万公顷边际性土地种植能源植物来生产生物质能源，生产出的生物质能源相当于5 000万吨石油，占2004年全国石油总产量的29%，净进口量的35%。"由此可见，利用边际土地种植能源作物为缓解"燃料"与"粮食"之间的矛盾提供了一个潜在的、有前景的解决方案，同时也为生物质产业的发展提供了新的方向。

第二节 利用边际土地开发生物质能源的必要性

利用边际土地种植能源作物发展第二代生物燃料已成为缓解粮油矛盾的一个重要方向，但有关利用边际土地开发生物质能源的研究存在较大的研究空间，需要开展更多的相关研究。已有研究大多关注于边际土地的生物理化方面，例如识别边际土地、评估边际土地的生产潜力等。这些研究为利用边际土地开发生物质能源提供了基础数据和信息。但是，利用边际土地生产生物质的经济可行性和环境效应等方面还需要更多系统化的分析。正如"能源与气候"咨询机构（AEA）在2009年的"生物燃料研究空白分析"报告中指出的："什么样的证据可以证明利用闲置或边际土地生产生物质是在不引发间接土地利用变化的基础上，以既可持续又经济的方式来实现生物能源目标的呢?"这个问题还没有得到解答，已有研究的不足和未来研究的空间主要可以归纳为以下几方面。

一、边际土地定义不清，缺少综合的边际土地识别系统

（一）不同概念的混淆使用

很多评论者表达了对概念模糊这一问题的关注，但并没有进一步对其开展研究。闲置（idle）、废弃（abandoned）和退化（degraded）等词往往被随

意地用来描述边际土地。实质上，这些词语在不同的情形下会有不同的意义与内涵。随意使用这些术语很可能会导致混淆和误解。我们需要研究到底哪些土地是应该鼓励用于生产生物燃料的。为了促进能源作物在非农业用地上生产，在描述土地的术语方面应该有一个全球性共识（AEA，2009）。

（二）生物理化特性与社会经济属性的链接缺失

虽然很多学者在他们的研究中定义了边际土地（李霞，2007；Mibrandt and Overend，2009；Zhuang *et al.*，2011），但都是从生物理化的角度进行的，没有将其与社会经济相联系。相反，在如何将经济概念与土地分类和识别边际土地的方法相关联这方面，已进行了很多的讨论（James，2010）。然而，鲜有研究从综合的角度定义或定量化边际土地资源，由经济学家们研究出的土地分类方法也没有用于识别生产生物质的边际土地。

二、各种类型土地生产力评估的有效数据不足

评估和划分农业土地已经有很长的历史，不同的组织和国家都有自己的土地分类系统及方法，如联合国粮食及农业组织、加拿大农业部（Agriculture and Agri-Food Canada，AAFC）等。土地生产力是评估、划分土地并建立土地适宜性等级最常用的参考依据。土地生产力可以用产出量或产出效益来衡量（FAO，1985）。生产力是土地经济性评估的必要条件。然而，在评估边际土地生产力时遇到的一个主要问题是边际土地并没有被用于集约型的农业生产，因此，很难获得边际土地上作物产量的实际数据。虽然已有一些生物物理模型可以用来模拟能源作物的产量（Heaton *et al.*，2004；Kiniry *et al.*，2005），但是这些模型几乎没有被用于模拟作物在边际土地上的产量，而且即使利用模型模拟，也很难验证模型的有效性。

地租是衡量土地生产力的一个替代性指标。比鲁尔等（Birur *et al.*，2010）利用地租的概念识别边际土地的生产力，但是只分析了草地和闲置土地，没有包括可以用于生物质生产的所有边际土地类型，因此，如何准确识别各种类型边际土地生产力有待更多的研究。

三、缺少综合的经济效益与环境影响评价

很多研究者已经对边际土地的生物质生产潜力（Zhuang *et al.*，2011；Wiegmann *et al.*，2008；Milbrandt and Overend，2009）进行了评估，但是他们中大都没有综合评估其经济性、环境影响以及社会福利，而是主要从理论角度评估了边际土地的生产潜力。

在经济可行性分析中，需要重点考虑边际土地的生物质生产成本，其在很大程度上决定了生物质在边际土地上的生产可行性。同时，有必要对在不同种类和退化程度边际土地上的生物质生产成本及经济潜力进行研究（Wicke，2011）。

在环境影响评价中，利用边际土地开发生物质能源过程中温室气体排放量及生物多样性的变化等生态环境影响分析应作为评价的重点。同时，还要重视对边际土地生产生物质的环境影响进行案例分析，这有助于理解和评估环境影响（Wicke，2011）。

英国环境、食品和农村事务部（Department for Environment，Food and Rural Affairs，UK）（2010）目前正在开展一项研究，用以识别英格兰和威尔士地区具有潜在种植能源作物的闲置土地以及目前处于边际经济产值的土地。利用这些土地，可以做到不影响已有的粮食作物生产，不引起潜在对温室气体储存产生负面影响的土地利用变化，同时没有显著的生态环境损害。虽然这个项目是为了识别适宜种植和收获生物质作物的土地，但并没有评估土地利用的可行性。因此，识别出的面积是最大可能面积，实际可利用面积取决于政策的发展、经济环境、社会趋势、生态要素以及物流限制等因素。实际可利用面积应小于预期面积。

四、有关模型和政策有待进一步开发与模拟

虽然有很多模型可以用来分析生物质生产对土地利用变化和温室气体排放的影响，例如农林部门优化模型（Forest and Agriculture Sector Optimization Model，FASOM）、全球贸易分析模型（Global Trade Analysis Project，GTAP）、生物燃料与环境政策分析模型（Biofuel and

Environmental Policy Analysis Model，BEPAM）、全球生物圈管理模型（Global Biosphere Management Model，GLOBIOM），但是几乎没有研究考虑将边际土地作为可利用的土地纳入模型中。比鲁尔等（Birur *et al.*，2010）在一般均衡模型（CGE）中考虑了将边际土地用于生物质生产，但没有评价相关的环境影响。不同国家和地区对于将边际土地纳入生产后对经济、环境及社会的影响有待开展更多深入的研究。

除此之外，很多模型也已经可以模拟相关生物质能源、环境和气候政策对生物质能源生产、土地利用变化和环境的影响，例如农林部门优化模型温室气体（Forest and Agricultural Sector Optimization Model Greenhouse Gas，FASOMGHG）、全球贸易分析模型和加拿大区域农业模型（Canadian Regional Agriculture Model，CRAM）等（McCarl，2007；Britz and Hertel，2011；Liu *et al.*，2011），但是大多数模型同样没有考虑将边际土地纳入其中。印度和中国都制定了鼓励利用边际土地的相关政策，但均没有评估这些政策对经济与环境产生的影响。比鲁尔等（Birur *et al.*，2010）检验了将边际土地用于开发生物质能源的政策情景，但是该研究只考虑了命令控制型干预政策，没有考虑经济激励型政策（如碳价）的作用效果。

五、小结

生物质能源是一种重要的可再生能源，对社会经济的可持续发展具有重要价值。然而，目前生产生物质能源的原料主要来自粮食作物。利用玉米、小麦、甘蔗、油菜籽等作物生产生物质能源会对粮食供给产生潜在影响，已经引起各界的广泛关注。边际土地一般是指那些尚未被利用，自身条件较差，很难用于粮食作物生产，但又能被抗逆性较高的能源作物所利用的并具有一定开发潜力和价值的土地。边际土地在全球范围用于种植能源作物具有较大的潜力，坎贝尔等（Campbell *et al.*，2008）利用卫星遥感影像和全球生态系统模型估算出在全球废弃农业土地上生产生物质，其产量可以满足全球当前8%的能源需求。蔡等（Cai *et al.*，2011）发现，在不影响粮食和畜牧生产的前提下，利用潜在可利用土地种植燃料作物，生产出的生物质能源可以达到目前全球燃料消费的50%。瑞皮亚（Rapie，2011）提到，根据《世界概况》（*The World Factbook*）收集的数据，全球土地面积为149亿公顷，其中13%为可耕土地。长期作物种植面积占可耕土地总面积的4.7%，因此，仍然有12.4亿公顷的土地（大部分为边际土地）可以用来种植能源作物。

种植不争田、不争水的高蓄能能源作物可以有效利用边际土地，同时增加能源供给，保证粮食安全。利用边际土地种植能源作物还可以开辟就业渠道，增加农民收入。由此可见，利用边际土地发展生物质能源具有很大潜力，同时具有较高的环境、经济收益。虽然利用边际土地种植能源作物可以缓解由粮食作物作为原料生产生物质能源所带来的粮食安全问题，但是考虑到大范围利用边际土地种植能源作物的经济可行性以及可能产生的环境和社会效应时，对边际土地的利用潜力估测是否过于乐观？目前已有的研究中，几乎没有综合考虑有关利用边际土地种植能源作物所产生的经济、环境与社会效益的内容。一份来自"欧洲燃料技术论坛"的报告中提到，使用低肥力的边际土地已经在最近的很多研究中被模拟，大多数研究结果表明该类土地具有较大开发潜力。然而，利用边际土地必须要同时满足经济和可持续性指标以使其具有竞争力。因此，开发一个全新的框架综合研究利用边际土地种植能源作物的可行性是非常有必要的。

第三节　研究利用边际土地开发生物质能源的意义

根据利用边际土地开发生物质能源的研究背景及研究必要性，以加拿大开发边际土地发展生物质能源作为核心研究内容，分析利用边际土地开发生物质能源的经济可行性、环境影响以及政策驱动等，同时对比分析中国边际土地利用潜力及其对中国开发生物质能的启示，具有一定的理论和现实意义，具体概括为以下五个方面。

一、为利用边际土地开发生物质能源提供理论依据

已有研究主要集中于对边际土地空间分布和生产潜力方面的预测，然而分析多止于此，并没有对利用边际土地发展生物质能源的经济与环境影响进行深入分析。本书从经济和环境的角度深入分析利用边际土地的可行性以及对温室气体排放的影响；探讨在发展生物质能源过程中边际土地在

土地利用方面所承担的角色和作用，为利用边际土地开发生物质能源提供了理论依据。

二、为缓解生产生物质能源对粮食安全造成的威胁提供重要参考

有关发展生物质能源存在较多争议，其中很多讨论聚焦于发展生物质能源对粮食安全造成的影响。本书从宏观区域到微观农民行为，在不同尺度上分析了发展生物质能源引起的土地利用变化，从而为如何缓解发展生物质能源对粮食安全造成的威胁提供重要的参考。

三、丰富了利用生物质能源减少温室气体排放的理论和经验研究

生物质能源作为可再生能源为能源安全提供了有力支持，并且它还具备减少温室气体排放的潜力。“碳中性”的作物作为生物质能源原料直接燃烧，其二氧化碳排放量少于产生同样热量的化石能源的排放量。但在作物生产过程中，会消耗化肥和运输燃油等高耗能产品。因此，利用生物质能源是否能够减少温室气体排放量，需要做定量分析，随着分析目标和尺度的不同，结论也会有所不同。本书利用温室气体排放模块分析发展生物质能源所产生的土地利用变化对温室气体排放的影响，丰富了在利用生物质能源减少温室气体排放这一领域的理论和经验研究。

四、为利用边际土地发展生物质能源的政策制定提供理论依据

在不同生物质能源发展计划和减排政策情景下，土地利用将发生不同的变化。如何在不影响粮食安全的前提下，最大限度开发生物质能源，边际土地将起到怎样的作用？本书模拟了在不同政策情景下，土地利用（尤其是边际土地）、生物质能源生产以及温室气体排放的变化情况，从而为利用边际土地发展生物质能源的政策制定提供理论依据。

五、结合案例分析，提供一套系统、全面的分析思路和方法

本书在对利用边际土地发展生物质能源进行经济、环境和政策分析时均通过理论与案例分析，对所研究问题进行了深入的研究和探讨。通过案例中一系列独立又相互联系的分析，从多个角度全面系统地分析了发展生物质能源对土地利用变化（尤其是边际土地的利用）的影响、温室气体排放的影响以及政策驱动的效应，为该类型的问题研究提供了一套完整的理论分析流程和方法。

第四节　内容与结构安排

第一章，绪论。介绍研究背景，论述研究必要性，提出研究意义。

第二章，边际土地的识别与划分。首先，对边际土地进行概念界定并与其他相似概念进行比较和讨论；其次，研究建立对边际土地进行划分的标准和步骤；再次，确立本书边际土地研究范畴并进行案例分析；最后，阐述边际土地不同于一般农业土地的特点。

第三章，利用边际土地开发生物质能源的经济性分析。分析种植能源作物的成本和收益，比较能源作物与其他农业生物质能原料生产成本的差异，计算分析在边际土地上种植能源作物的经济有效性。

第四章，区域开发生物质能源的土地分配与利用。介绍加拿大区域农业模型（CRAM），论述模型理论基础、结构和方法，分析该模型研究边际土地利用的障碍和缺陷；创建农业土地利用分配模型（LUAM）以解决 CRAM 中存在的不足；将 LUAM 与 CRAM 链接构建出一个更加综合的模型，将能源作物和边际土地纳入模型并进行案例研究。

第五章，开发生物质能源对温室气体排放的影响评估。综述开发生物质能源对温室气体排放的影响，介绍温室气体排放模型（GHGE）并运用该模型估算加拿大生物质能源生产导致农业温室气体排放和变化的情况。

第六章，全球气候变化背景下不同政府规制政策情景模拟。阐述选择不同政策的理论基础和目标，设计不同的政策情景（单一碳价情况、单一强制

性目标情景以及二者相结合的复合情景）。利用构建的复合型模型（CRAM+LUAM+GHGE）模拟在不同政策情景下，生产生物质能源对区域土地利用（尤其是边际土地利用）、能源供给和温室气体排放所产生的影响。

第七章，中国利用边际土地开发生物质能源的前景和潜力。首先，对加拿大与中国在经济发展水平、能源生产和消费结构、二氧化碳排放情况等方面进行比较，展望中国未来开发利用边际土地开发生物质能源的前景；其次，分析中国边际土地的开发潜力，包括评价标准、潜在可开发面积等内容；再次，研究中国开发边际土地的经济可行性和环境影响；最后，论述中国在开发边际土地方面的政策驱动情况。

第八章，主要结论与研究创新。归纳本书中的主要研究结论，讨论不足之处和创新之处，探讨未来潜在研究方向和空间。论述本书中对加拿大利用边际土地开发生物质能源的经济、环境与政策分析对我国未来该领域研究的启示，以及相应研究结果对我国推动利用边际土地开发生物质能源的政策指导作用。

第二章　边际土地的识别与划分

第一节　边际土地的界定

边际土地一般是指那些尚未被利用、质地较差的土地。这种土地较难用于粮食作物生产，但有的却能用于种植抗逆性较强的能源作物，具有一定的开发潜力和价值。因此，很多学者提出利用边际土地种植能源作物为生产生物质能源提供更大潜力（Hoogwijk *et al.*，2005；Tilman *et al.*，2006；Field *et al.*，2008）。

一、边际土地

目前，全球对边际土地的界定尚没有统一的标准，在不同地理区域与研究学科中，边际土地的定义各不相同（表 2-1）（Liu *et al.*，2011）。

表 2-1　边际土地的定义

组织或国家	定　义
世界粮食安全委员会（Committee on World Food Security）(2003)	农业生产中，较差质量土地很可能导致较低收益。边际土地指那些最后被纳入生产且最先被弃用的土地，包括条件不佳的土地
美国农业部自然资源保护局（United States Department of Agricultural-Natural Resources Conservation Service，USDA-NRCS）(1995)	土地用于作物生产受各种土壤理化条件、化学属性和环境要素限制。按照美国土地划分系统，将第4～8级土地划分为边际土地
欧洲环境署（European Environmental Agency）(1990)	指质量较差的土地，在该土地上的生产净收益为负

续表

组织或国家	定义
经济合作与发展组织（Organization for Economic Co-operation and Development，OECD）（2001）	不适于农业使用和房屋建设等用途的土壤质量低的土地
亚太经济合作组织能源工作小组（Asia-Pacific Economic Cooperation Energy Working Group，APEC）（2009）	指处于较差气候条件下，具有较差理化性质、难于耕种的土地，包括那些处于极端气候条件、地势陡峭、土壤质量较差或者有其他不适于农业耕作问题的土地，例如沙漠、高山、盐碱地、沼泽和冰川等
中国农业部（Ministry of Agriculture，the People's Republic of China）（2007）	边际土地是指那些可用作种植能源作物的荒地和冬季闲田
加拿大农业部（2006）	根据加拿大农业土地资源调查，将第 4～7 级土地划分为边际土地

从经济学的角度看，边际土地是指在一定生产条件下，土地生产成本与收益相等的土地，这是西方经济学土地利用研究中对边际土地的定义。土地生产收益超过成本的土地称为“超边际土地”。边际土地除与土壤理化性质有关之外，还与农产品生产投入和价格相关。经济学家从成本和收益的角度出发，将经济效益差的土地定义为边际土地（Striker，2005）。例如，施罗尔斯（Schroers，2006）将边际土地定义为在给定自然条件（土壤肥力）、种植技术、管理水平、农业政策以及宏观经济和法律条件下，无法实现经济有效粮食生产的土地区域（Wiegmann *et al.*，2008）。生态学家将边际土地定义为两个或两个以上异质系统的交错地段（Dale，2010），关注的是生态脆弱性。

詹姆斯（James，2010）建立了识别边际土地的理论框架，该研究利用经验模型揭示了定义和识别边际土地不应该仅考虑土地质量，还需考虑气候条件等其他外部条件及拟种植作物本身的属性。米尔布兰特和奥弗伦（Milbrandt and Overend，2009）建立了识别与评估适于生物质生产的边际土地的步骤（图 2-1）。我国农业部（现农业农村部，余同）也于 2007 年确立了边际土地的定义和评估标准（农业部科教司，2007）。

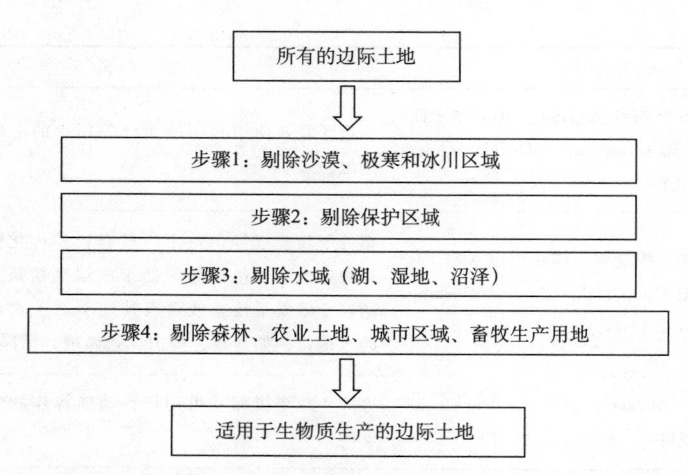

图 2-1　适用于生物质生产的边际土地的识别方法和步骤

资料来源：Milbrandt and Overend，2009。

二、退化土地

退化是一个描述土地生产潜力的术语，退化土地是土地退化过程中产生的土地。土地退化过程是一个生态系统功能和服务丧失的过程，主要表现在土地质量及生产力下降或丧失。“土壤退化”“土地退化”和“荒漠化”是一组相似的概念，常常被混用，难以区分。实质上，“土地退化”和“土壤退化”有所不同。土地退化的基本内涵与变化过程是通过土壤退化反映的，包括土壤的侵蚀化、荒漠化、盐渍化等（赵其国，1991）。荒漠化是人类不合理的经济活动和脆弱的生态环境相互作用导致土地生产力下降、土地资源丧失、地表呈现类似荒漠景观的土地退化过程（朱震达、崔书红，1996）。荒漠化是土地退化的一种表现。干旱地区土地退化较为严重，退化土地面积占区域总面积的比例可达到70%以上（表 2-2）。加拿大退化土地面积约为 0.208 亿公顷，占国土面积的 2%；我国退化土地面积约为 3.295 亿公顷，占国土面积的 35%（FAO，2000）。

表 2-2　全球干旱地区退化土地面积

地区	总面积（亿 hm^2）	退化面积（亿 hm^2）	退化占比（%）
非洲	14.326	10.458	73
亚洲	18.814	13.417	71
大洋洲	7.012	3.759	54
欧洲	1.456	0.943	65
北美洲	5.782	4.286	74
南美洲	4.207	3.058	73
总计	51.597	35.921	70

资料来源：Dregne and Chou，1992；Eswaran *et al.*，2001。

三、废弃农业土地

废弃农业土地是指之前用于农业生产，现在已经被废弃但并没有转化成森林或城市用地的一类土地，停止农业生产可能是由于某些经济、政治或环境的原因（Field *et al.*，2008）。例如，1988 年欧盟提出的“土地弃耕计划”（Set-aside）导致出现大量废弃农业土地。该计划的目的：一是为了减少在“共同农业政策”（Common Agricultural Policy）价格保证体系下产生的过剩产品；二是为了增加环境效益，减少精耕细作对农业生态系统产生的负面影响，该计划目前已经终止（FAO，2010）。土地废弃或退耕不同于土地休耕。休耕是指为了恢复土壤肥力暂时终止种植一个或几个种植季，它是轮作的一部分。

四、荒地

荒地是指那些由于自然条件限制，不具备吸引人类开展农业活动的土地（Oldeman *et al.*，1991）。这类土地上一般没有明显的植被覆盖或者农业生产。在全球人为导致的土壤退化评估（The Global Assessment of Human Induced Soil Degradation，GLASOD）系统中，有五种土地被认为是荒地，它们是：活动沙丘、盐滩、礁石、沙漠以及干旱山区。这些土地一般都不具备植物种植条件，包括能源作物种植。我国对荒地的认定与 GLASOD 工作组对荒地的定义略有不同。我国识别的荒地，不仅包括完全不能被利用的荒地，还包括一些宜能荒地。宜能荒地是指以发展生物液体燃料为目的，适宜种植能源作物的天然草地、灌木林地、疏林地和未利用地（寇建平等，2008）。

五、闲置土地

闲置是一个描述土地经济潜力的术语（FAO，2010）。闲置土地的概念较为宽泛，包括各种未利用土地，如废弃土地、退化土地、野生动物保护留存地等。往往未利用土地可以与闲置土地作为同义词使用。此处讨论的闲置土地是指农业范畴内的闲置土地，不同于城市建设中定义的闲置土地的概念。

六、概念之间的比较

以上讨论的这些土地类型之间既有联系又有容易混淆的部分。这些土地概念从不同角度对土地进行了定义，它们之间往往并没有很明确、清晰的界限。图 2-2 描述了不同土地类别之间的关系，其中荒地和退化土地是从自然理化角度定义的，而废弃农地和边际土地则主要是从社会经济角度定义的。事实上，土地的经济性很大程度上是由土地的理化性质决定的。边际土地包含了部分荒地、退化土地、废弃农地和闲置土地。

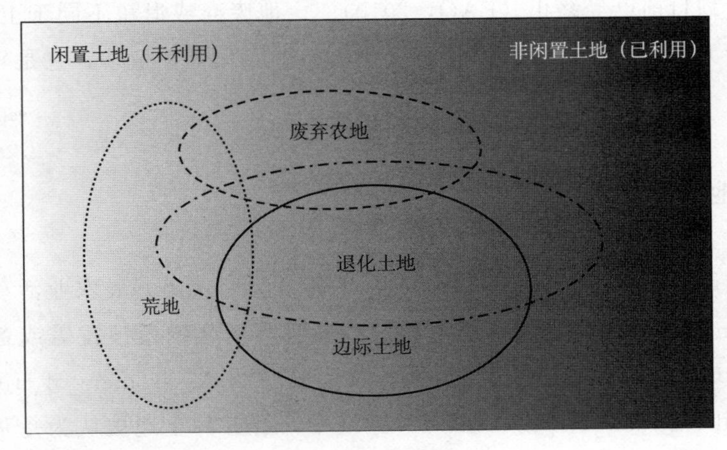

图 2-2　不同土地类别之间的关系

第二节　边际土地的划分

本书对利用边际土地开发生物质能源的经济、环境与政策分析以加拿大作为研究区域，因此，此处有关边际土地划分方法论述的是加拿大在此方面的研究划分方法以及本书中所采用的方法。有关我国对边际土地的划分方法等内容将在第七章“中国利用边际土地开发生物质能源的前景”中进行分析与论述。

加拿大划分边际土地采用20世纪60～80年代开展的加拿大土地资源调查（Canada Land Inventory，CLI）中建立的土地划分系统（Soil Capability Classification of Agriculture），与美国农业部（United States Department of Agriculture，USDA）的土地划分系统较为相似。1995年，美国农业部自然资源保护局（Natural Resources Conversion Service，NRCS）建立了国家土壤地理数据库（State Soil Geographic Database，STATSGO），将农用地根据土地质量划分了8个等级，且将第4～8级定义为边际土地。加拿大农业部CLI土地等级划分系统是将国家土壤数据库（National Soil DataBase，NSDB）调查的2.5亿公顷的农业土地，根据土壤农业适宜性划分为7个主等级和13个次等级，并将第4～7主等级划分为边际土地。该系统存在一些明显的缺陷：首先是该系统中的土壤信息来自50年前，没有进行数据更新，信息有效性相对较弱；其次，该系统只考虑土壤适宜性，未考虑气候条件，但气候条件是加拿大北部地区影响作物生长最重要的因素之一；再次，该系统在大尺度（如国家尺度）上对土地等级的识别和划分不够一致；最后，等级的划分较为主观，缺少可复制的客观处理，而且缺少统一明确的指标体系。因此，根据CLI系统来识别和划分边际土地不够准确。

由于利用CLI系统划分土地等级存在上述缺陷，1995年加拿大农业部土地与生物资源研究中心创建了一套新的土地等级划分系统——土地适宜性等级划分系统（Land Suitability Rating System，LSRS）。这套系统在CLI的基础上做了较多改进，以弥补CLI系统的缺陷。

本书根据LSRS的划分标准，将其划分的第4～6级土地定义为边际土地并剔除农业用地、自然保护区、天然保护林地、畜牧草场，得到可利用边际土地。在研究中，第7级土地未归为边际土地，主要是由于任何植物都无法在该级土地上种植，即使是能源作物。

一、土地适宜性等级划分系统（LSRS）

LSRS是加拿大农业部最新开发的土地等级划分专家系统。该系统可以基于各种量化数据，包括土壤数据、景观类型数据和气候条件数据，评价土地用于作物种植的适宜性。图2-3展示了LSRS划分土地等级的基本过程。图中的每个组成部分都预先分别处理，然后通过LSRS模型汇集信息，得到划分结果。

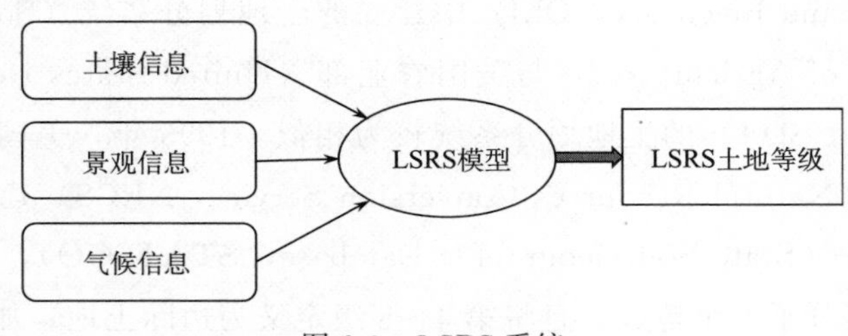

图2-3　LSRS系统

（一）方法与假设

LSRS是基于可得数据、专业知识、土地科学与管理方面的专家经验建立的“专家系统”。CLI系统中土地等级框架已被人们所熟悉并广泛使用，因此，在LSRS中继续沿用将土地划分为7个级别的框架，其中第1级（Class 1）是最适宜作物生长的土地，第7级是不适宜且限制条件最多的土地（Class 7）；系统组成以及指标要素评分采用的是专家评分方法（Klein *et al.*，1995）；同时，LSRS遵循下列指导和假设（这是不同于CLI系统的改进）。

（1）该系统可以用作物产量进行解释说明。

（2）该系统框架适用于所有农作物，但具体评级要素的确定和发展是以春季播种谷物（小麦、大麦、燕麦）作为指标作物的，这些作物可以种植于加拿大所有农业区域。

（3）该系统识别决定土地适宜性的三个要素分别是：气候、土壤和景观。每一个要素被分别评定并赋值 0～100。取三个限定条件中分数最低的值作为土地适宜性分类参考值，而不是取三个值的累积权重值。

（4）虽然一些经济要素，例如到市场的距离、运输条件、农场规模、种植模式、经验技术以及管理水平，也会影响土地适宜性，但这些要素不是 LSRS 所考虑的要素。

（二）土地适宜性等级与数据需求

LSRS 中将土地等级划分为 7 个等级（表 2-3），根据指标分数对土地适宜性等级进行划分并对不同等级土地的农业生产适宜性进行描述。

表 2-3　LSRS 土地等级划分

等级	指标分数	生产适宜性描述
1	80～100	非常适宜作物生产，没有显著的限制性
2	60～79	较适宜作物生产，存在某些轻微的限制性或者需要改善的管理实践
3	45～59	存在中等程度的限制性或者需要特定的生产管理
4	30～44	存在一定的限制性或者需要特定的生产管理，或者两者均存在。该等级土地是很多农业作物可持续生产的边际土地
5	20～29	存在较强的限制性，不建议在该级土地上种植普通耕作的一年生作物
6	10～19	存在极强的限制性，不建议在该级土地上种植一年生作物
7	0～9	该级土地完全不适宜作物生产

注：该适宜性描述是针对所选择的指标作物，该系统选择的指标作物是具有代表性的春季播种一年生粮食作物（小麦、大麦、燕麦），该土地适宜性不适宜用来评判多年生作物等其他作物在该类土地上的适宜性。

指标分数来自三个要素的评分，分别是气候、土壤和景观。这三个要素取决于表 2-4 所示的次级指标。使用 LSRS 需要获取影响每种要素（气候、土壤和景观）组成的相关信息，这些信息可以从地图、报告以及农业部土壤数据库等资源获取。同时，一些数据还可以由其他参数计算获得，例如土壤保水性可以由土壤质地和结构判断。

表 2-4 LSRS 中次级指标描述

要素	次级指标	指标描述
气候	温度（H）	表明没有充足的热量满足指标作物最优化生长
	降水量（A）	表明没有充足的降水量满足指标作物最优化生长
土壤	保水性（M）	土壤保水性较差，作物生产由于缺水而产生不利影响
	质地（D）	土壤结构限制根的深度，或者表层结痂限制芽的萌发，水位过高或基岩阻碍根系扩展
	有机质（F）	土壤有机质含量较低
	土层厚度（E）	土层厚度较薄
	土壤酸碱度（V）	土壤 pH 过高或过低
	盐性（N）	土壤可溶性盐过高
	碱性（Y）	土壤中可交换钠含量过高
	有机表层厚度（O）	矿质土壤含泥炭表层厚度达到 40cm
	排水性（W）	由于地下水位过高或土壤排水性较差导致的土壤含水量过高，限制作物生产
	有机土壤温度（Z）	有效积温（EGDD）<1 600℃
	岩石（R）	土壤过于接近地表岩石对生产存在不利影响
	降解性（B）	有机物质降解程度不适宜最优生产
	基底（G）	有机土层较浅不适宜最优生产
景观	坡度（T）	坡度过大，存在水蚀风险，限制生产
	景观类型（K）	景观中存在较多障碍物阻碍生产行为
	碎石（P）	存在较多碎石阻碍耕作
	木质含量（Q）	有机土壤中含有较多木质限制生产
	洪水（I）	土地受过洪水的冲击限制作物生产

二、案例分析：加拿大边际土地划分

（一）加拿大概况

加拿大国土总面积约 997 万平方千米，包括十个省和三个地区；总人口约 3 340 万人。2011 年，国内生产总值 1.736 万亿美元，人均 5.2 万美元。虽然加拿大幅员辽阔，但超过 50％的地区位于北方极地气候区，多为冰川、青苔和冻原区，不适宜人类居住和农业生产。根据土地资源数据库以及陆地卫星图片，加拿大土地利用类型可以划分为十大类，包括耕地、林地、草地、灌木林地、城市用地、青苔区、冻原区、裸地、湿地和水域。其中，林地、冻原区和水域所占面积最大，分别为418.58万平方千米（41.98%）、210.05万平方千米（21.07%）和141.84万平方千米（14.23%）。农业活动主要分布在南部区域。

加拿大农业部将南部28 229万公顷[①]的区域划为大农业区域。在大农业区域中，各种土地利用类型所占面积和比例如表2-5所示。本书涉及的研究区域均分布于大农业区域。

表2-5　加拿大农业区域土地利用面积和比例

土地类别	面积（万 hm^2）	比例（%）
水域	1 746	6.18
裸地	991	3.51
城市用地	266	0.94
灌木林地	2 657	9.41
湿地	1 743	6.18
草地	1 182	4.19
耕地（一年生）	3 455	12.24
耕地（多年生）和牧场	1 693	6.00
林地	14 496	51.35

（二）研究方法

本书对土地适宜性等级的划分基于LSRS。该系统的计算机程序于1992年同步开发，程序的数据库中包括了1961～1990年的气象数据（温度、降水量、蒸发量、有效积温）；土壤和景观值的计算是依靠土壤组成（CMP）、土壤名称（SNF）以及土层文件（SLF）进行的（Nyirfa and Harron，2002）。目前，加拿大农业部已经将LSRS开发成基于网络的土地适宜性等级划分工具，可以通过http://lsrs.landresources.ca/获取（AAFC，2007）。本书利用基于网络的LSRS对土地进行划分，部分缺少充足土壤数据的区域，其土地等级划分采用CLI系统的划分结果代替。在LSRS中，选取春季播种谷物

① 农业用地一般用公顷表述，所以从此处开始均用公顷表述土地面积。

作为指标作物来计算土地适宜性分数。

本书将 LSRS 中第 4～6 级土地划分为边际土地。第 7 级土地不作为边际土地是因为该级土地上的土壤极度不适宜作物生长，包括能源作物和牧草；一般该级别的土地多为非土壤覆盖区域。根据以上对加拿大边际土地的定义，利用地理信息系统（GIS）工具将 LSRS 中的划分结果与土地覆盖/利用图（Circa 2000）相关联，对可利用的边际土地进行识别，步骤如图 2-4 所示。

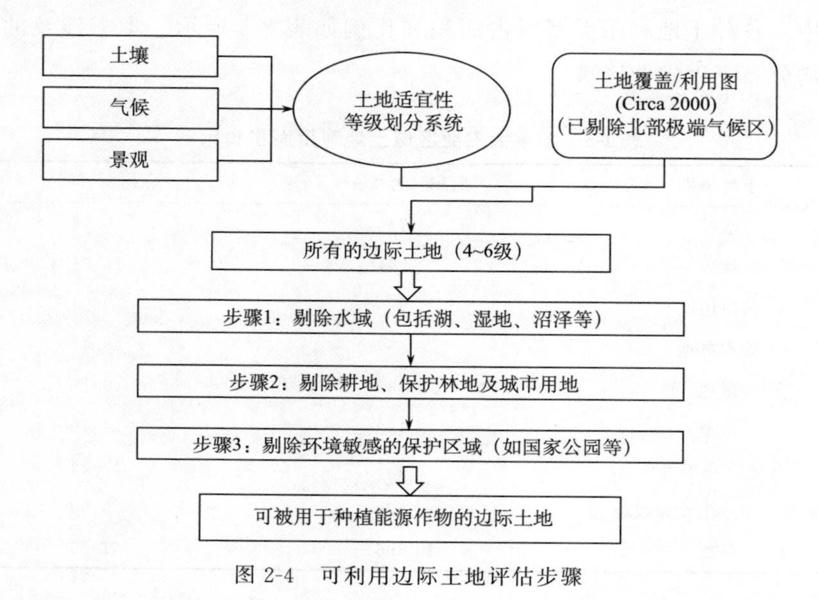

图 2-4 可利用边际土地评估步骤

（三）研究结果

依照上述识别步骤，得到加拿大边际土地分布情况。加拿大大农业区边际土地面积约为 4 737.00 万公顷，其中可利用的边际土地面积如表 2-6 所示。研究结果表明，加拿大目前可利用边际土地面积约为 2 692.61 万公顷，其中第 5 级土地所占比例最大，达到 45.9％。

可利用边际土地主要由林地（64.79％）、灌木林地（20.61％）和草地（14.60％）组成，主要分布于西部的不列颠哥伦比亚省和三大草原省的西南部；东部省的南部地区也有分布。不列颠哥伦比亚省、阿尔伯塔省拥有较大面积的边际土地（均超过 500 万公顷），所占比例约为全国可利用边际土地面积的 40.5％。

表 2-6　加拿大及各省可利用边际土地面积（万 hm^2）

省和全国	土地等级			总计
	第 4 级	第 5 级	第 6 级	
不列颠哥伦比亚省	70.20	326.18	173.17	569.55
阿尔伯塔省	162.06	237.80	121.13	520.99
萨斯卡彻温省	124.88	185.95	91.09	401.92
曼尼托巴省	102.61	60.42	59.80	222.83
安大略省	77.34	88.57	97.07	262.98
魁北克省	142.03	133.15	0.45	275.63
新不伦瑞克省	173.63	150.30	0.42	324.35
爱德华王子岛省	3.05	3.54	0.00	6.59
新斯克舍省	31.79	6.49	0.41	38.69
纽芬兰与拉布拉多省	8.39	44.04	16.65	69.08
加拿大	895.98	1 236.44	560.19	2 692.61

第三节　边际土地的特点

边际土地具有显著不同于一般耕地的特点。从自然角度而言，一般指土壤条件较差、土地生产力低的土地；从经济学角度而言，一般指那些作物在其上产量较低、物流运输成本较高、难以实现经济效益的土地。边际土地的这些特点在一定程度上决定了边际土地在土地利用分配过程中不同于一般土地利用和转化的特殊性。本节主要分析边际土地的三个特点，即低生产力、不规则性和偏远性。

一、低生产力

边际土地由于其土壤本身的特性以及所处自然环境和气候条件的限制，导致其生产力较低。一年生作物对土壤和气候条件要求较高，在边际土地上的产量一般小于普通耕地产量的 50％。相对于一年生粮食作物，多年生能源作物（如柳枝稷、杂交杨树等）对环境的耐受性较强，在边际土地上具有一

表 2-7 边际土地上生物质能源生产潜力研究总结

研究来源	研究方法	估测年份	土地类型	作物类型	全球面积（百万公顷）	产量（吨干物质/公顷·年）	能源潜力（百万兆焦耳）
Hoogwijk *et al.* (2003)	为研究生物质能源潜力范围，该研究综述了很多已有的研究成果（Grainger，1988；Lashof and Tirpak，1990；Houghton *et al.*，1991；Hall *et al.*，1993）。一个作物增长模型被用于检验产量	2050	退化土地	木质能源作物	430～580	1～10	8～110
Hoogwijk *et al.* (2005)	该研究利用土地覆盖模型 IMAGE2.2（Integrated Model to Assess the Global Environment）预测在全球环境变化情景下低生产力土地上生物质能源生产潜力	2050	低生产力土地	木质能源作物	—	＜3	5～9
Vuuren *et al.* (2009)	利用 IMAGE 模型，从地理空间上评估在不同情景下 2050 年退化土地上全球生物质生产潜力	2050	废弃农地，自然草地	木质能源作物	—	2.5～33	12～104
Nijsen *et al.* (2012)	从地理空间上解释评估生物质生产潜力，基于全球人为导致的土壤退化评价（GLASOD）数据、产量减少比例以及 IMAGE 潜在产量地图	目前	除林地、耕地和牧草地外的退化土地	木质能源作物	386	平均 8.9（2～10.1）	32
Tilman *et al.* (2006)	基于产量研究粗略估测了退化土壤上低投入高产出的草地系统生产力	目前	农业废弃地和退化土地	低密度/高密度的草	大约 500	4.5	45
Campbell *et al.* (2008)	利用全球环境土地利用历史数据（HYDE3.0）估测废弃农业土地面积	目前	废弃农业地	未指定	385～472	4.3	32～41
Schubert *et al.* (2009)	综述了部分已有研究结果	2050	未利用地和退化土地	草本和木质能源作物	240～500	—	34～120

定的适生能力，但产量仍然不高，一般产量不高于在普通耕地上的70%。然而，随着种植年限的增长，有些能源树木的产量会有所提高。据估计，一般能源树木在边际土地上的生物质产量范围是每年每公顷1～10吨干物质（Hoogwijk *et al.*，2003）。一些研究估算了边际土地潜在生物质产量（表2-7）（Nijsen *et al.*，2012；Wicke，2011）。

由于选取的研究方法和数据假设存在差异，研究结果也有所不同。另一方面，由于地理位置和气候条件等差异，不同国家和区域边际土地的生产力也有所不同（表2-8）（Milbrandt and Overend，2009）。

表2-8　APEC成员国边际土地上生物燃料生产潜力

国家/地区（APEC经济体）	边际土地面积（km^2）	生物质产量（t/hm^2）	生物燃料密度（m^3/hm^2）	生物燃料潜力（hm^3）	适宜性等级
中国	511 905	2.4	0.9	47.9	边际适宜
中国台湾地区	693	8.1	3.2	0.2	边际—中等适宜
加拿大	376 092	2.6	1.0	38.1	边际适宜
美国	1 214 007	3.1	1.2	148.8	边际适宜
俄罗斯	369 176	4.2	1.6	60.5	边际适宜
澳大利亚	1 036 239	3.8	1.5	153.6	边际适宜
文莱	85	1.3	0.5	0.004	不适宜
智利	95 645	4.1	1.6	15.3	边际适宜
印度尼西亚	37 123	4.2	1.6	6.1	边际适宜
日本	4 878	4.0	1.6	0.8	边际适宜
韩国	1 651	3.6	1.4	0.2	边际适宜
马来西亚	3 534	3.0	1.2	0.4	边际适宜
墨西哥	255 862	2.7	1.1	26.9	边际适宜
新西兰	17 299	5.6	2.2	3.8	边际—中等适宜
巴布亚新几内亚	7 123	2.0	0.8	0.6	不适宜
秘鲁	57 029	11.7	4.6	26.0	适宜
菲律宾	6 357	2.8	1.1	0.7	边际适宜
泰国	17 253	6.1	2.4	4.1	边际—中等适宜
越南	21 090	5.4	2.1	4.4	边际适宜
总计	4 033 041	3.4	1.3	534.8	边际适宜

注："边际适宜"是处于不适宜和中等适宜之间的一种状态，处于可接受的适宜性边界。

二、不规则性

边际土地包括一些不规则或破碎化的土地，例如高速公路路边的土地和蜿蜒的河岸区域等。这种边际土地受不规则形状限制导致生产收益降低，这是因为在同等土壤和气候条件下土地不规则性会导致重复耕作（overlap）（例如播种机在播种时来回往返播种面积的重叠），这种重复操作会增加种子、杀虫剂、肥料、燃料和劳动力的投入量（Gregg and Lung，2007）。

从已有研究发现，不同地块形状和重复操作（over-application）之间可能存在一定的对应关系。例如拉克等人（Luck *et al.*，2011）利用从自走式农业雾化器（self-propelled agricultural sprayer）实际野外操作收集的数据，发现重复操作比例和地块周长与面积比（Perimeter to Area Ratio，P/A）之间呈现出正相关的关系（图 2-5）。

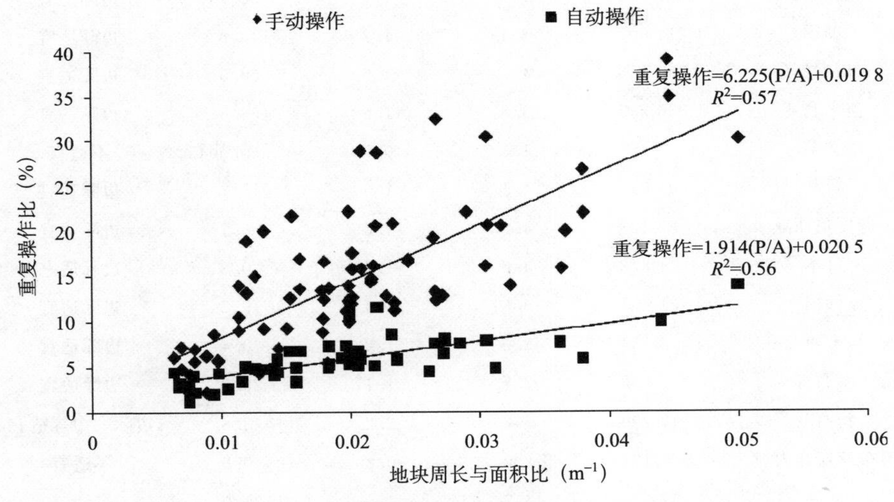

图 2-5　重复操作比例与周长面积比之间的关系

资料来源：Luck *et al.*，2011。

加拿大萨斯卡彻温草原农业机械中心进行了一些有关不规则形状地块的研究，结果表明，不规则形状将导致耕作重复投入（表 2-9）（Gregg and Lung，2007）。例如，如果平均可变生产成本为每公顷 100 美元，需要重复操作的面积占总耕作面积的 5%，那么，耕作 100 公顷的土地就需要额外支付 500 美元的成本。

表 2-9　不规则土地上耕作重叠面积调查

土地描述	机器操作宽度（m）	耕作面积（hm^2）	播种面积（hm^2）	重叠面积（hm^2）
存在一些障碍物，其中有一条小溪穿过田地的东南角	16.76（非自动转向）	60.19	69.72	9.53（15.84%）
存在一些泥坑、灌木和岩石堆	10.06（非自动转向）	60.88	66.37	5.49（9.02%）
存在一些天然径流或小溪	14.33（非自动转向）	61.45	71.01	9.56（15.56%）
存在一些障碍，主要是一些沼泽	18.29（非自动转向）	104.45	108.11	3.66（3.51%）

三、偏远性

边际土地所处的地理位置一般离市场距离较远，运输成本相对较高。在李嘉图（David Ricardo）的经济地租理论中指出，边际土地所包含的特性之一就是远离市场。交通的不便利性会增加运输成本，从而导致经济收益减小。同时，往往土地开发和利用都是从经济收益较高的土地开始，经济收益较低的土地往往是土地生产力较低的土地。例如，选取加拿大安大略省南部某区域（CRAM 区域 1）作为研究对象，该区域一共包括 4 个主要城市、3 个生物乙醇工厂及 1 个可以利用生物质原料发电的发电厂。土壤质量较好的土地包括 1～3 级，分布于主要城市和工厂周边，面积相对较大，较为完整；土壤质量较差的土地包括 4～6 级，它们距离市场距离较远，分布较为零散，具有较高的收集和运输成本。图中空白区多为水域和城市建设用地。

第四节　本章小结

本章对边际土地进行了讨论、界定和识别，明确了本书中边际土地的研究范围及界定方法。本书根据加拿大土地适宜性等级划分系统（LSRS）将第4～6级土地界定为边际土地，同时结合土地覆盖/利用图，利用地理信息系统将保护区域、保护林地、耕地、城市用地等土地利用类型剔除，最后得到可用于种植能源作物的边际土地。该界定和识别方法较为科学，既从土壤质量角度识别出土地适宜性，又从土地利用类型划分出适宜转化利用的边际土地。

本章以加拿大为例，研究了边际土地的分布和面积。研究结果表明，加拿大边际土地总面积约为4 737.00万公顷，占全国国土总面积的4.75%左右。除去保护区域、保护林地等敏感区域，可利用边际土地面积约为2 692.61万公顷。可利用边际土地包括属于第4～6级的可利用天然林地（64.79%）、灌木林地（20.61%）和草地（14.60%）。第4～6级土地分别占可利用边际土地总面积的33.28%、45.92%和20.80%。可利用边际土地主要分布于西部不列颠哥伦比亚省和三大草原省西南部；东部省的南部地区也均有分布。不列颠哥伦比亚省、阿尔伯塔省和萨斯卡彻温省拥有较大面积的边际土地，所占比例可达到全国边际土地总面积的55.43%。这主要是由于西部地区具有较多的可利用林地以及闲置草地或者粗放型放牧草场。根据米尔布兰特和奥弗伦（Milbrandt and Overend，2009）的研究，假设边际土地上生物质产量为每公顷2.6吨，则加拿大边际土地上生物质产出量可达到每年2 465.32万吨。将这些生物质资源用于生产乙醇，可产出59.17亿升生物燃料，相当于2011年加拿大机动车汽油消费量的14.1%。

最后，简要梳理了边际土地的三个特点：土地生产力低、地块形状不规则和地理位置偏远。这些特点在一定程度决定了目前边际土地利用程度低的现状。

第三章　利用边际土地开发生物质能源的经济性分析

第一节　能源作物

利用边际土地开发生物质能源的具体表现形式，即在边际土地上种植能源作物，之后利用能源作物作为原料来生产生物质能源。能源作物是重要的生物质资源。有关能源作物的定义较多，目前还没有一个统一通用的定义。在已有研究中，能源作物一般是指专门用于生产生物质能源的一年生和多年生植物（Lewandowski *et al.*，2000；Styles and Jones，2007；刘吉利等，2009）。中国在2006年1月1日实施的《中华人民共和国可再生能源法》第八章附则中对能源作物给出了明确的定义：能源作物指经专门种植，用以提供能源原料的草本和木本植物。近几年有关能源作物的关注和讨论明显增多，国内的部分研究者提出能源作物应具备“四高一低”“环境友好”等特征。“四高一低”是指高效太阳能转化、高效水分利用、高效能量产出、高抗逆能力和低生产成本（谢光辉等，2007；王亚静等，2009）。能源作物具备的这些特征使它们能够生长在土壤质量较差的边际土地上，这也正是能够利用边际土地发展生物质能源的重要原因。勒穆斯和拉尔（Lemus and Lal，2006）在研究中指出能源作物具备生长于边际土地上的特征。2007年农业部开展了适宜种植能源作物边际土地资源调查，在其发布的《生物质液体燃料专用能源作物边际土地资源调查评估方案》中指出能源作物是指专门种植的，用于生产生物液体燃料的作物总称，包括甜高粱、甘蔗、薯类、甜菜、油菜、蓖麻等。

本书对能源作物的定义是指专门用于生产能源的一年生或多年生草本和木本植物，并且其需要具备适宜于种植在边际土地上的生理特征，例如本书中重点研究的两种能源作物：柳枝稷和杂交杨树。

一、能源作物的种类

根据制取或提供燃料方式的不同，能源作物可划分为四类：一是可用于生产生物柴油的植物，如大豆、加拿大油菜等；二是可用于制造生物乙醇的植物，如木薯、甜高粱、甘蔗、玉米等；三是可直接燃烧产生能源的植物，如杨树、柳树等；四是可供厌氧发酵的藻类或其他植物。根据能源作物形成能源载体物质成分的差异，能源作物可以划分为三类：第一类是淀粉和糖料作物，它们富含淀粉和糖类，可用于生产乙醇，如玉米和小麦等谷类作物以及马铃薯、木薯等薯类作物；第二类是油脂作物，它们富含油脂，通过脂化过程形成生物柴油，例如油菜、大豆、向日葵等；第三类是木质纤维素类作物，它们富含纤维素、半纤维素和木质素，可以通过转化获得热能、电能和乙醇，例如木本类能源作物柳树、杨树以及草本类能源作物柳枝稷等。

二、两种重要的能源作物：柳枝稷和杂交杨树

（一）柳枝稷（Switchgrass）

柳枝稷（*Panicum virgatum*）是一种禾本科稷属的多年生草本作物，主要分布于中美洲和北美洲。柳枝稷原先主要用于水土保持或作为观赏植物和优良牧草。自 20 世纪 80 年代以来，国际上将其作为一种新型能源作物开展了相关研究。研究表明，它可以用于生产燃料乙醇或用于火力发电。

1. 生物学特性和适生性

柳枝稷是多年生草本 C4 植物，种子繁殖，根茎发达。根据品种和气候不同，株高一般为 50～250cm。柳枝稷主要分布在美国和加拿大地区，在北纬 55°以北不存在自然分布区域（胡松梅等，2008）。作为引进种，我国华北低山丘陵和黄土高原的中南部均有分布（吴斌等，2007）。柳枝稷寿命较长，一般在 10 年左右，管理较好可达 15 年以上。

柳枝稷生态适应性强，在长期的进化过程中，主要形成了两种生态型：

细秆高地生态型和粗秆低地生态型。细秆高地生态型茎秆较细，分枝多，适应干旱和半干旱环境，适宜在中高纬度地区种植，主要分布在美国中部和北部等较干旱地区。粗秆低地生态型植株高大，茎秆粗壮，成束生长，适应暖湿环境，适宜在低纬度地区种植，主要分布在美国南部的较湿润地区。与传统作物相比，柳枝稷具有较高的产量潜力。根据美国农业部调查，柳枝稷产量一般为 12.3～39.5t/hm^2。柳枝稷可适应砂土、黏壤土等多种土壤类型，且具有较强的耐旱性，甚至在岩石类土壤中亦能生长良好，适宜其生长的土壤 pH 为 4.9～7.6，在中性条件下生长最好。最宜生长环境为年降水量381～762mm 的粗质土壤。柳枝稷除了能够适应苛刻的土壤条件，还具有较高的水肥利用效率，其原因是柳枝稷根系与真菌互惠共生形成菌根，菌根可以调节柳枝稷对干旱、养分贫瘠、病原菌、重金属污染等不良环境的反应（刘吉利等，2009）。

2. 能量转化效率和经济效益

柳枝稷作为能源作物可以用于燃烧发电和生产生物乙醇，能量转化效率较高。根据戴尔等人（Dale et al.,）的研究结果，生产单位柳枝稷所消耗的能量是生产单位玉米所耗能量的 50%左右。据统计，柳枝稷能量含量约为 17.4GJ/hm^2，能量产出值为 174～435GJ/hm^2，能量产投比大于 700%，能量净收入为 152～427GJ/hm^2（谢光辉等，2007）。

目前，柳枝稷用于生产乙醇的成本相对较高，但具有一定的经济潜力。据统计，柳枝稷的种植成本一般为每吨 25～100 美元，用柳枝稷生产乙醇的成本为每升 0.065～0.26 美元（Perrin *et al.*，2008）。玉米乙醇的生产成本约为每升 0.14 美元，柳枝稷乙醇在实现规模化生产、降低生产成本、提高产量后，相对于玉米乙醇具有一定的经济竞争力。因此，柳枝稷还具有较大的经济发展潜力。

3. 存在问题和发展前景

目前，利用柳枝稷生产生物燃料面临着一些困难和发展“瓶颈”。首先，从柳枝稷中提取纤维素的工艺复杂，酶用量较大，导致转化成本较高；其次，大规模种植、机械化收割和运输问题仍需解决；最后，柳枝稷商业化生产市场还不够成熟，市场的建立与发展还需要一段时间。虽然现阶段柳枝稷作为生物燃料作物的发展存在一些问题和困难，但是它具备适应性广、耐贫瘠、产量高、多年生和易于管理等特点。这些特点使它成为未来较为理想的生物燃料作物选择之一，具有较好的发展前景。

（二）杂交杨树（Hybrid Poplar）

杨树是杨柳（*Salicaceae*）杨属（*Populus L.*）树种的统称。全属有100多种，主要分布在亚洲，欧洲，北美洲的温带、寒带以及地中海沿岸国家与中东地区。杨树因其生长快、适应性强、繁殖容易及易于更新等特点成为人工林中的优良速生树种，是世界人工林发展的三大重要速生树种之一，也是能源林的主要树种之一（翟学昌等，2009）。

杂交杨树是通过杂交育种产生的杨树。杂交育种是通过不同基因型亲本之间的有性杂交和基因重组，对所创造的变异实施多代选择、鉴定而育成新品种的方法。有性杂交将导致基因重组，产生的各种变异类型，可以为选育新品种提供丰富的材料基础。通过有性杂交，可以将双亲的优良性状综合在一起，产生不同于双亲的新的优良性状。杂交杨树有很多品种，例如在加拿大东部广泛分布的欧洲杨就是北美三角叶杨和欧洲黑杨的杂交树种。

目前，杂交杨树作为能源树木得到了广泛的关注。将杂交杨树用于生物质能源生产可以减少对化石能源的消耗。同时，杂交杨树可以种植于废弃土地和边际土地上，有利于增加边远地区收入。已有研究表明，种植杂交杨树具备生态与环境可持续性（Abrahamson *et al.*，1998）。加拿大杂交杨树生产的收益成本比为0.73～1.25，最佳的经济轮作周期为18～24年（Anderson and Luckert，2007）。杂交杨树的生物质产量受土壤条件、气候条件、基因型等因素影响。欧洲和美国中北部地区杂交杨树的平均生物质产量为每年每公顷2～11吨（Amichev *et al.*，2010），生产成本为1.1～6.8 $/GJ（Kasmioui and Ceulemans，2012）。

第二节　种植能源作物的成本和收益

经济可行性是生产行为最核心的决策标准之一。在考量未来利用边际土地种植能源作物的可行性过程中，经济可行性起着至关重要的作用。成本收益分析（Cost-Benefit Analysis）作为一种经济决策方法，通过比较项目的成本和收益，评估项目的经济可行性。这种经济核算的概念最早源于法国工程师朱尔斯·杜比（Jules Dupuit）在1848年发表的文章，英国经济学家阿尔弗雷德·马歇尔（Alfred Marshall）将一些概念进一步公式化，形成了成本收益分析方法的基础（Pearce，1998）。成本收益分析主要有以下几个特点：首先，它是一种评估项目经济可行性的方法，已广泛被企业和政府用于评估投资项目；其次，在评估时可以在个人成本和收益中加入社会或环境成本及收益，由此可以评估投资的社会福利影响；最后，成本效益分析可以将时间的经济性纳入分析，即利用折现率来分析时间的经济性，尤其是在考虑项目未来产生的环境影响时至关重要。

成本效益分析主要用于大型的公共项目评估，如铁路、大坝、发电站等。但同时也可以用于较小尺度的分析，如农户耕作与作物选择的成本收益分析。本节参考生物质成本模型（Biomass Cost Model）（Walsh and Becker，1996），在一定价格条件下，分析两类较有发展前景的能源作物（多年生草本和木本）的生产成本和在不同级别土地上的生产力，由此分析能源作物在边际土地上种植的经济可行性，并为第三节的成本分析和第四节的有效性分析奠定基础。

一、土地开发成本

一般边际土地的土壤和环境条件存在一定的限制。边际土地常常是一些稀疏林地和灌木林地，或者是一些废弃地、土壤排水性较差的土地。这些土地需要在开垦种植能源作物之前对土地进行清理，使其具备种植能源作物的基本条件。参照土地开发及农业生产等相关资料（NRCS，2000；Hitchens *et al.*，1978；Walsh and Becker，1996），边际土地开发成本（Land Development Costs）包括可变成本（Variable Costs）和机会成本（Opportunity Cost）。可变成本包括土地清理成本（Land Clearing Costs）和其他成本（Other Costs）。其中，土地清理成本包括灌丛清除费（Bush Clearing）、石块清理费（Rock Picking）、土地盘耙耕费（Disking）、翻耕费（Ploughing）、耙岩费（Rock Raking）；其他成本包括除草费（Herbicides）、喷洒费（Spraying）、运营利息（Operating Interest）。土地开发成本的计算见公式（1）～（4）。

$$总土地开发成本 = 可变成本 + 机会成本 \tag{1}$$

$$可变成本 = 土地清理成本 + 其他成本 \tag{2}$$

$$土地清理成本 = 灌丛清除费 + 石块清理费 + 土地盘耙耕费 + 翻耕费 + 耙岩费 \tag{3}$$

$$其他成本 = 除草费 + 喷洒费 + 运营利息 \tag{4}$$

土地清理成本是一次性投入，但能源作物的生长周期往往是多年的。因此，在计算能源作物每年的生产成本时，需要将一次性土地清理成本摊销到多年，得到摊销成本。摊销成本是指某一产品在某一段时间内应该分摊负担的成本。摊销成本有两种计算方法：按时间段分摊或按产品品种分摊。根据研究目标，本研究中摊销成本按时间摊销，计算公式如（5）所示。

$$摊销成本 = \frac{需摊销成本现值 \times 利率}{1-(1+利率)^{-摊销年数}} \tag{5}$$

根据上述成本计算公式，分别计算加拿大不同类型边际土地的开发成本，结果列于表 3-1 和表 3-2。假设利率为 6%。需要摊销的成本主要包括土地清理成本和其他成本［公式（3）和公式（4）］，不包括机会成本。因为表 3-1 和表 3-2 所列的机会成本为每年的机会成本，不需要再摊销。机会成本的概念将在本节“五、机会成本”中详细论述。原始数据主要来自加拿大统计局、农业部、相关市场信息、调查数据、调查报告以及萨斯卡彻温大学。

表 3-1 加拿大西部和东部边际土地（疏林地）开发成本（C$/hm²）

	西部			东部		
	未摊销成本	摊销		未摊销成本	摊销	
		25 年	5 年		25 年	5 年
土地清理成本	567	44	135	567	44	135
其他成本	61	5	15	61	5	15
机会成本	240	240	240	540	540	540
总成本	868	289	390	1 168	589	690

由计算结果可知，疏林地的开发成本高于灌木和牧草地开发成本。加拿大东部边际土地开发成本高于西部，这主要是由于东部土地资源相对稀缺，土地价值较高，土地开发的机会成本较高所致（表 3-1）。在同一地区，同种类型的边际土地，成本摊销年数越多，年均摊销成本越小。表 3-2 表明，覆

盖度为70%的灌木地的总开发成本是每公顷459加元，其中土地清理成本占78.2%，其他成本占19.8%，机会成本只占2%。相比之下，疏林地开发成本中机会成本所占比例较高（表3-1）。例如，西部边际土地中，机会成本占总开发成本的27.6%，这主要是由林地具有较高的经济潜力所致。

表3-2　加拿大边际土地（灌木和牧草地）开发成本（C$/hm²）

	灌木						牧草		
	未摊销（覆盖度70%）	摊销		未摊销（覆盖度30%）	摊销		未摊销	摊销	
		25年	5年		25年	5年		25年	5年
土地清理成本	359	28	85	315	25	75	129	10	31
其他成本	91	7	22	88	7	21	77	6	18
机会成本	9	9	9	15	15	15	18	18	18
总成本	459	44	116	418	47	111	224	34	67

二、生产成本

能源作物（多年生）生产成本（Production Costs）包括建立成本（Establishment Costs）、维护成本（Maintenance Costs）和收割成本（Harvest Costs）。建立成本是指种植能源作物初期（往往指种植第一年），需要投入的播种、耕作等费用，具体包括播种费（Seedings）、燃料费（Fuel）、肥料费（Fertilizer）、除草费、修护费（Repair）、人工费（Labour）以及运营利息。维护成本指多年生能源作物种植以后，从第二年开始的种植维护成本，包括肥料费、燃料费、修护费、机械耕作费（Mechanical Cultivation）、除草费、人工费、保险（Insurance）、运营利息和其他设施费（Utilities）。收割成本是作物收割时所需花费的各种费用，包括燃料费、修护费和人工费。用公式（6）和公式（7）表示总生产成本的组成及均摊到每年的生产成本。均摊年生产成本的计算公式参考由罗森奎斯特（Rosenqvist，1997）开发的计算模型，该模型综合了现值计算和年金计算法，由此计算比较一年生和多年生作物生产的经济性。该模型采用一个总步骤的计算方法，其中作物种植周期的总生产成本均被折现。作物的年种植成本等于总生产成本乘以现值因子和年金因子［公式（7）］。

$$总生产成本 = 建立成本 + 维护成本 + 收割成本 \tag{6}$$

$$APC = \frac{r}{1-(1+r)^{-n}} \sum_{T_{t-0}} (1+r)^{-t} \cdot A_t \tag{7}$$

其中：APC 代表年生产成本；r 代表贴现率（6%）；t 代表成本支出年份，T 代表成本均摊计算总年份，A_t 代表第 t 年的总生产成本。

根据上述总生产成本和年均成本计算公式，计算加拿大两种不同能源作物的总生产成本和年均生产成本，结果列于表 3-3。原始数据主要来自加拿大统计局、农业部、相关市场信息、调查数据、调查报告以及萨斯卡彻温大学。多年生能源作物年生产成本主要取决于投入要素价格、作物产量、生长周期、收割周期、贴现率等要素，其中投入要素价格为 2010 年加拿大投入要素市场价格。如表 3-3 所示，加拿大短轮伐期（short rotation coppiced，SRC）杂交杨树（以下称为"SRC 型杂交杨树"）的年均生产成本约为每公顷 156 加元，长轮伐期杂交杨树生产成本约为每公顷 383 加元，柳枝稷的年均生产成本约为每公顷 241 加元。能源作物生产成本均呈现出西部略微低于东部的现状。

表 3-3　加拿大能源作物生产成本（C$/hm²·yr）

区域	杂交杨树		柳枝稷
	短周期	长周期	
西部	148.79	324.72	233.50
东部	162.27	443.34	247.86
加拿大	155.53	383.03	240.68

三、储存成本

有时生物质原料产量较小，分布较分散或者来源不够稳定；有时距离工厂较远，往返运输成本较高，因此，生物质原料被收集后，往往不能及时运输到生物质能源工厂，生产者需要将其储存一段时间。作物秸秆、多年生草本植物多以方草捆的形式收集。储存方式包括三种类型：直接放在野外、挤压严实放置、挤压严实后用帆布包裹放置。如表 3-4 所示，不同储存方式产生的费用存在一定差异，直接放在野外这种方式的储存成本最低，但损失率最高，相反，用帆布包裹这种方式的储存成本最高，但损失率最低。

表 3-4　生物质能原料（方草捆）储存成本

方式	成本（C$/t）		损失率（%）
	范围	平均值	
直接放在野外	0.90～1.80	1.35	10～20
挤压严实放置	2.00～2.70	2.35	5
挤压严实后用帆布包裹放置	9.00～13.50	11.35	2

资料来源：Nacy C.，Saskatchewan University，2011。

四、运输成本

运输成本主要取决于运输方式、燃油价格以及运输距离。生物质原料最常见的运输方式包括铁路运输和公路运输。运输距离取决于生物质收集点或储存点到生物质能工厂的距离。能源作物往往需要经过处理后才能用于能源生产，这些处理方式包括打捆（Baling）、削片（Chipping）或切粒（Pelletizing），然后将处理后的生物质运送至生物质能工厂等生物质使用终端。刘婷婷等人（Liu *et al.*，2012）评估了加拿大不同省份以货车的方式运输能源作物的成本，结果见表 3-5。木质生物质以木杆形状的运输费用最高，每吨为 30～35 加元，这主要是由树干体积庞大导致单位体积承载量较小所致。以颗粒状形式运输成本最低，每吨仅 4～8 加元。

表 3-5　加拿大不同省份能源作物运输成本（C$/t）

省份	捆状（Bales）	杆状（Stems）	片状（Chips）	颗粒状（Pellet）
萨斯卡彻温省	14.03	32.58	25.16	6.37
曼尼托巴省	11.70	32.42	25.04	4.07
安大略省	10.92	30.24	23.36	3.75
魁北克省	12.36	34.23	26.44	7.30

资料来源：Liu *et al.*，2012。

五、机会成本

机会成本是经济学原理中一个重要的概念。机会成本也称为替代性成本，是指当将一定的经济资源用于生产某种产品时放弃的将这些资源用于生产其他产品所产生的最大收益。在新投资项目的可行性研究、新产品开发、农民选择农作物耕作种类时，都存在机会成本问题。它为正确合理的选择提供了参考。在进行选择时，尽量降低机会成本，是经济活动行为方式最重要的准则之一。在生活中，有些机会成本是可以用货币来衡量的。例如，如果农民在同一块地上选择了种粮食作物就不能选择种能源作物，种植粮食作物的机会成本就是放弃种植能源作物的收益，种植能源作物的机会成本则是放弃种植粮食作物的收益。但是有些机会成本则较难用货币衡量，如心理上的感受等。有关机会成本的概念有几点需要注意。首先，“机会”必须是决策者可选择的项目；其次，机会成本必须是放弃的机会中受益最高的一个项目；最后，还需注意沉没成本并非机会成本。机会成本是本可以得到的收益，但是由于做出了另外的选择，导致本可以得到的收益没有得到，因此造成的“损失”。沉没成本是个体在从事某项活动时由于发现了新的机会，转而从事其他活动，但是由于先前已经投入了一定数量的资本并由于资产的专用性特征从而造成了损失，这就是沉没成本。前者是因为没有得到本应得到的收益而形成的“损失”，后者则是由于重新选择且因为资产专用性导致的“损失”。

本书中利用边际土地生产能源作物的机会成本主要是指将边际土地处于其原本的自然状态所能获取的生态环境和经济收益。计算数据主要来自加拿大自然资源部和萨斯卡彻温大学。机会成本是土地开发成本的一个组成部分，在本节“一、土地开发成本”中已经进行了计算（表 3-1、表 3-2）。加拿大东部转换边际土地（疏林地）的机会成本每公顷为 540 加元，西部则相对较低，每公顷为 240 加元。这主要是由东部经济较为发达，土地资源相对较为稀缺，土地价值较高所致。

六、环境成本与效益

从经济角度看，环境成本是指经济活动过程中所产生的环境货物与环境服务的价值；从环境角度看，它是指与经济活动造成的自然资产实际或潜在恶化有关的成本（Nestor and Pasurka，1995）。环境成本主要包括两大部分，即自然资源成本和环境污染成本（肖序，2002）。自然资源成本是人们在社会生产过程和资源再生过程中，耗用自然资源，造成自然资源降级和对自然资源进行重造、恢复、维护等经济活动中所支付的各种耗费。具体可以划分为自然资源的耗减成本、降级成本、重造成本、恢复成本和维护成本等。环境污染成本是为了将人们在生产、消费过程中产生的大量废弃物向环境排放，控制在环境容量范围之内而发生的成本。具体可以划分为预防污染成本、污染治理成本、排污费成本、污染补偿成本、废弃物回收利用成本和废弃物处理成本（陈亮，2009）。环境成本由于没有在市场价格和市场体系中得到充分的体现或反映，成为计量的难点。衡量和计算环境成本的方法包括直接市场法、替代市场法、假想市场法和数学模型法。根据不同的环境成本评估对象和计算范围，研究者需要采取不同的方法。环境效益则是对经济活动对自然和环境产生积极影响的评估。评估的方法与环境成本的评估方法类似。也需要根据不同的研究对象和内容，采用不同的评估方法。

评估种植能源作物产生的环境成本与效益，首先要理清它可能产生的环境影响。种植能源作物可能对土壤、水、空气（特别是温室气体排放）以及生境都存在一定的影响。环境净影响取决于能源作物的种类、土地状况与之前的用途、耕作方式、景观生态以及其他要素。目前，有关能源作物的数据较少，而且一般是较小尺度的数据。这使得评估种植能源作物的环境成本和效益存在较大的困难。博杰松（Borjesson）分析了用多年生能源作物替代一年生粮食作物产生的环境收益，例如减少土壤侵蚀、养分淋失、土壤重金属含量以及土壤温室气体的排放。研究中将能源作物替代粮食作物产生的环境影响分为六个方面：温室气体、养分淋失、重金属、土壤肥力与侵蚀、城市污水处理和生物多样性。如果环境影响变化与生产成本存在计量关系，可以利用直接市场法计算，例如计算减少土壤侵蚀导致的耕作投入减少的费用以及帮助处理城市污水减少的污水处理费用。对于难以货币化的环境影响可以利用替代市场法和假想市场法进行衡量，例如空气污染排放等。表 3-6 总结了能源作物替代粮食作物种植产生的环境影响相对应的环境成本与收益。

表 3-6　生产能源作物的环境成本与效益（$\$/hm^2 \cdot yr$）

环境影响	种植成本变化	废水处理费变化	替代成本	总的经济效益
矿物质土中的土壤碳累计	—	—	30	30
减少有机土壤 CO_2 排放	＋80	—	110	30

续表

环境影响	种植成本变化	废水处理费变化	替代成本	总的经济效益
减少矿物质土壤 N_2O 排放	—	—	2.4	2.4
减少氮淋失			55	55
去除镉	—	+2	25	23
增加土壤肥力	−8.5	—	—	8.5
减少风蚀	−160			160
减少水蚀	−110			110
污水处理	−180	−700	—	880
填埋垃圾渗滤液处理	−180	−300	—	480
污水再循环	−110	−80	—	190
生物多样性	—	—	0/+	0/+

资料来源：Borjesson，Environmental effects of energy crop cultivation in Sweden Ⅱ：Economic valuation，1999。

第三节　案例分析：种植柳枝稷和杂交杨树的成本

一、研究区域、数据与方法

本案例的研究区域选取了加拿大十个省的55个农业生产区域。这十个省分别为：纽芬兰与拉布拉多省（Newfoundland & Labrador，NL）、爱德华王子岛省（Prince Edward Island，PEI）、新斯克舍省（Nova Scotia，NS）、新不伦瑞克省（New Brunswick，NB）、魁北克省（Quebec，QU）、安大略省（Ontario，ON）、曼尼托巴省（Manitoba，MB）、萨斯卡彻温省（Saskatchewan，SK）、阿尔伯塔省（Alberta，AB）、不列颠哥伦比亚省（British Columbia，BC）。根据地理位置和气候条件将每个省划分成不同的区域并编号。

柳枝稷和杂交杨树是加拿大准备大力推广与发展的两种较有发展潜力的能源作物。本案例中研究了这两种能源作物的生产成本和收益，同时作敏感性分析，为能源作物的选择和决策奠定经济学分析基础。能源作物生产成本的计算方法见本章第二节。柳枝稷的生产成本主要包括建立成本、维护成本和收割成本，不包括储存成本、运输成本、机会成本和环境成本。在计算时包括以下前提假设：①假设柳枝稷的生命周期是 8 年；②不同区域柳枝稷平均年产量的假设见表 3-7；③其他投入成本计算参数见表 3-8。SRC 型杂交杨树的生产成本包括建立成本、维护成本、收割成本以及终止成本。前提假设包括：①播种替换率为 10%；②生命周期为 18 年和 20 年；③假设收割周期为 4，5，6 年或 8 年，不同区域存在一定差异；④贴现率为 6%；⑤不同区域杂交杨树平均年产量的假设见表 3-9；⑥其他投入成本计算参数见表 3-8。

数据来自加拿大统计局、加拿大农业部以及萨斯卡彻温大学。

表 3-7 不同区域柳枝稷产量值（$t/hm^2\cdot yr$）

区域	NL	PEI	NS	NB	QU				
	1	1	1	1	1,3,4,5,9	10	7,11	2,8	6
产量	3.8	4.5	4.5	4	4	4.7	4.5	3.9	4.4
区域	ON				MB				
	1	2,3,4,5,9	7,10	6,8	1	2	3,4	5	6
产量	5.2	4.7	4	4.6	3.1	2.5	3.2	2.6	2.2
区域	SK								AB
	1,5	2	3	4	6	7	8	9	1
产量	3	2.6	1.2	1.5	2.8	2.2	2.3	2.4	1.6
区域	AB				BC				
	2	3,4	5	6,7	1	2	3,4,5,7	6	8
产量	2.2	3	2.5	2.1	10.9	6.4	3.2	9.6	2.6

表 3-8 生产投入要素单位价格

投入要素		价格	单位
燃料（柴油）	加拿大	0.739	C$/L
	不列颠哥伦比亚省	0.744	C$/L
	阿尔伯塔省	0.734	C$/L
	萨斯卡彻温省	0.725	C$/L
	曼尼托巴省	0.751	C$/L
	安大略省	0.735	C$/L
	魁北克省	0.742	C$/L

续表

投入要素		价格	单位
	新不伦瑞克省	0.728	C$/L
	爱德华王子岛省	0.727	C$/L
	新斯克舍省	0.726	C$/L
	纽芬兰与拉布拉多省	0.784	C$/L
贴现率		6.000	%
肥料	氮肥	0.910	C$/kg N
	磷肥	0.720	C$/kg P_2O_5
	钾肥	0.530	C$/kg K
	硫肥	0.690	C$/kg S
种子价格		4.370	C$/kg
除草剂	草甘膦	4.500	C$/L
	阿特拉津	7.860	C$/L
	2，4-二氯苯氧乙酸	11.500	C$/L
机械投入成本		197.600	C$/$hm^2$
农业保险		3.000	C$/$hm^2$
人力成本		18.000	C$/h

表 3-9 不同区域 SRC 型杂交杨树产量值(t/hm²·yr)

区域	NL	PEI	NS	NB	QU					
	1	1	1	1	1,2,3	4	5	6	7	
产量	5	6	5	5	5.7	6.2	6.6	7.4	7.3	
区域	QU			ON			MB			
	8,9	10	11	1,2,3,4,5,6	7,8,9	10	1,2	3,4	5	
产量	5	6.4	6.1	7.5	6.7	3.7	5.5	7	6	
区域	MB	SK						AB		
	6	1,8	2,9	3,6	4	7	5	1	2,3	
产量	5	5	4.5	3.5	1.5	3	5.5	2	4.7	
区域	AB				BC					
	4	5	6	7	1,2	3,4	5	6	7	8
产量	4.1	4	5.1	4.4	8.1	4.8	4.9	8.2	5.5	4.7

二、结果与比较

（一）不同区域柳枝稷生产成本比较

柳枝稷在不同区域的生产成本存在一定的差异。这主要是由于不同区域的气候、土壤和管理水平等导致的产量差异以及不同的生产投入燃油价格差异导致的。从图 3-1 可见，除 BC 省以外的加拿大西部省份（MB、SK、AB）柳枝稷生产成本总体上高于东部省份（NL、PEI、NS、NB、QU、ON）。在所有的区域中 SK 省第三区域柳枝稷生产成本最高（112.61C$/t），主要是该区域地理条件不适宜柳枝稷生长，柳枝稷年产量低所致（仅为 1.2t/hm^2•yr）。生产成本最低的区域是 BC 省的第一区域，仅为 34.63C$/t。这主要是由于该区域的土壤和气候条件极为适宜柳枝稷生长，产量高达 10.90t/hm^2•yr 所致。综上所述，加拿大柳枝稷的生产成本为 34.63～112.61C$/t。计算加拿大十个省柳枝稷平均单位生产成本并由高到低排序，为 SK ＞ AB ＞ MB ＞ NL ＞ NB ＞ QU ＞ PEI ＞ NS ＞ ON ＞ BC。加拿大全国柳枝稷平均生产成本为 53.28C$/t。

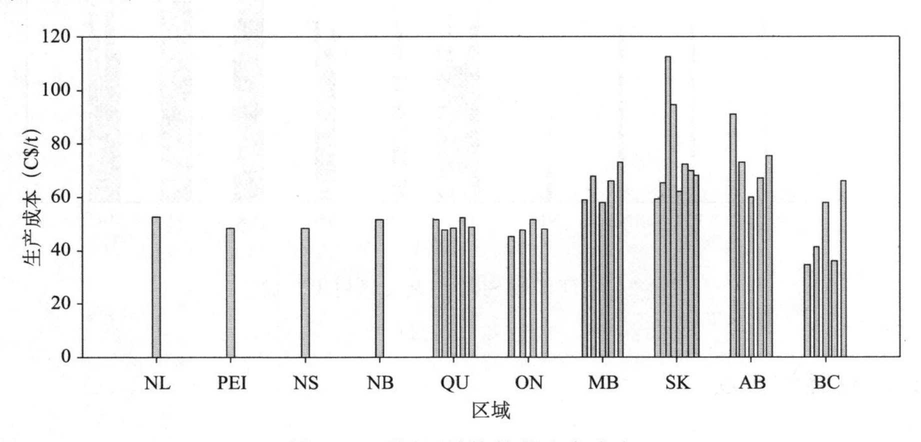

图 3-1　不同区域柳枝稷生产成本

（二）不同区域 SRC 型杂交杨树生产成本比较

SRC 型杂交杨树在不同区域的生产成本存在一定的差异。加拿大东部省份的土壤、气候等条件更适合 SRC 型杂交杨树的种植，生产成本相对较低，更具有发展潜力和经济竞争力。不同区域 SRC 型杂交杨树生产成本见图 3-2。结果表明加拿大 SRC 型杂交杨树的生产成本为 23.54～91.52C$/t。其中 SK 省的第四区域和 AB 省的第一区域 SRC 型杂交杨树生产成本最高，分别为 91.52 和 86.28C$/t。相反，BC 省的第六区域（图 3-2 中 BC 第四列）和 QU 省的第六区域（图 3-2 中 QU 第 4 列）成本最低，分别为 23.54 和 25.18C$/t。计算加拿大十个省 SRC 型杂交杨树平均单位生产成本并由高到低排序，为 SK > AB > NL > NB > NS > PEI > BC > MB > QU > ON。加拿大全国 SRC 型杂交杨树平均生产成本为 34.05C$/t。

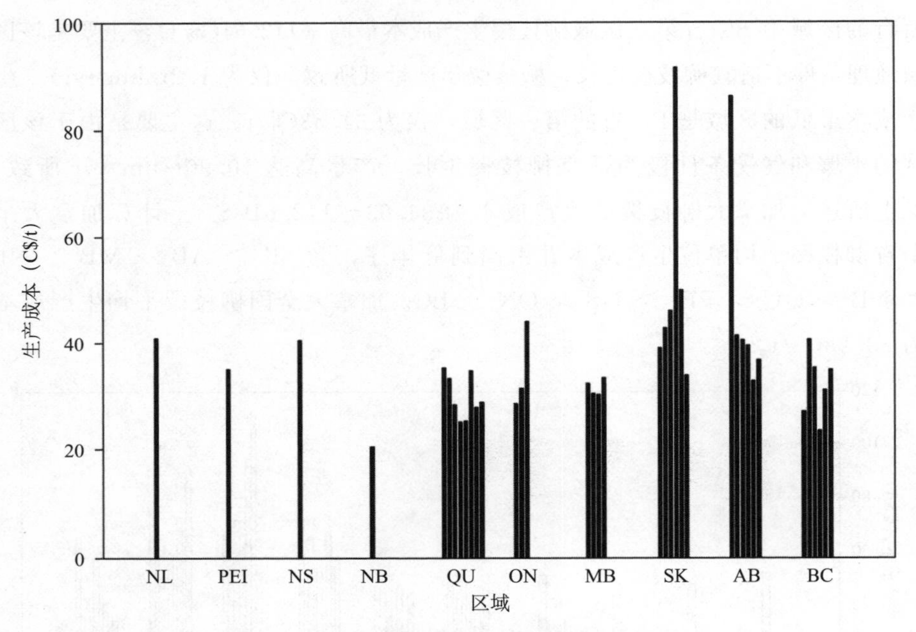

图 3-2　不同区域 SRC 型杂交杨树生产成本

三、敏感性分析

选取产量、肥料成本、燃料成本和贴现率这四个变量进行能源作物生产成本（或盈亏价格）的敏感性分析。表 3-10 结果表明，能源作物的生产成本对产量变化较为敏感。当产量变化幅度为 25％时候，能源作物的生产成本变化均超过了 15％。柳枝稷生产成本对肥料成本变化的敏感程度远高于 SRC 型杂交杨树。当肥料成本增加 25％时，柳枝稷生产成本增幅达到了 13.78％，这主要是由于柳枝稷的生产成本构成中肥料成本占据了相当大的比例。两种能源作物对燃料成本的敏感度相似，燃料成本变化25%时，生产成本变化幅度在3%左右，较不敏感。SRC型杂交杨树对贴现率的敏感程度远高于柳枝稷，这主要是由SRC型杂交杨树的生命周期长，受贴现率影响较大所致。

表 3-10　能源作物生产成本敏感性分析

变量	柳枝稷		SRC型杂交杨树	
	C$/t	%	C$/t	%
产量（+25%）	44.19	−17.05	28.83	−15.33
产量（−25%）	53.28	+20.54	42.76	+25.57
肥料成本（+25%）	60.62	+13.78	34.21	+0.46
肥料成本（−25%）	45.93	−13.78	33.90	−0.46
燃料成本（+25%）	54.68	+2.64	35.15	+3.24
燃料成本（−25%）	51.87	−2.64	32.95	−3.24
贴现率（4%）	51.28	−3.74	30.14	−11.49
贴现率（8%）	55.30	+3.80	38.30	+12.28

注："+"表示该参数增加；"−"表示该参数减少。

第四节　种植能源作物的经济有效性分析

一、种植能源作物与其他作物的成本比较分析

可用于生产生物质能源的农业生物质资源主要包括：淀粉类作物（小麦、玉米等），油料作物（大豆、油菜等），多年生草本作物（柳枝稷、细叶芒等），短期轮伐木本作物（柳树、杨树等）以及农作物秸秆（玉米秸秆、小麦秸秆等）。这几种类型的农业生物质资源的生产成本对生物质资源的供给具有重要的作用。目前，加拿大农业生物质资源供给主要来自淀粉类作物和油料作物。但若要保持生物质资源可持续供给同时保证粮食安全，能源作物的种植已经成为未来的主要发展方向。农户是否选择种植多年生能源作物，主要取决于这些作物的经济竞争力。因此，了解不同生物质资源的特性与生产成本，对制定未来生物质能源发展策略具有重要的意义。唐宁和格雷厄姆（Downing and Graham，1996）估测美国东南部区域柳枝稷的生产成本为30.8～70.4 US$/Mg；短期轮

伐木质作物的生产成本范围为31.9～69.3US$/Mg。埃里克森等人（Ericsson *et al.*，2009）对欧洲的几种农业生物质资源的生产成本进行了评估，结果表明一年生秸秆作物的生产成本最高为6～8 €/GJ；多年生草本作物的生产成本为6～7 €/GJ；短期轮伐作物的生产成本最低为4～5 €/GJ。

本小节对加拿大几种农业生物质资源的生产成本进行比较，包括一年生淀粉类作物、油料作物、作物秸秆和多年生能源作物。作物的产量、投入价格等都存在一定的变动和不确定性，因此，本小节的研究目的不是为了获取精确的数值，而是为了理清成本结构以及作物之间的相对成本差异。加拿大可用于生产生物质能源的农业资源列于表3-11，同时还包括平均产量、平均生产成本、能量值信息。由表3-11可见，小麦和加拿大油菜的单位能源生产成本最高，达到12C$/GJ以上，相比较而言，多年生能源作物和作物秸秆的单位能源生产成本较低，具有较强的竞争力。再将具有经济竞争力的多年生能源作物与作物秸秆的生产成本进行比较，可以看出，总体上单位干生物质产量的成本排序为：杂交杨树 > 柳枝稷 > SCR型杂交杨树 > 谷物秸秆 > 玉米秸秆。作物秸秆的生产成本较小，总体上是因为它的成本主要来自收割成本，不包括作物种植时所需要的投入（图3-3a）。另外，从生产成本结构上可以看出，柳枝稷的生产成本主要来自肥料投入，而杂交杨树则是来自一些其他投入（图3-3b）。作物秸秆的生产成本构成中因为不包括作物的种植投入，所以占较大比重的费用来自人工费用（劳动力）。

表3-11　加拿大农业生物质资源信息

作物名称	作物种类	产量	能量值	生产成本	
		T_{DM}/hm^2	GJ/T_{DM}	$C\$/T_{DM}$	C$/GJ
小麦	一年生淀粉作物	1.88	18.00	230.53	12.81
玉米	一年生淀粉作物	6.42	18.72	118.81	6.35
加拿大油菜	一年生油料作物	1.29	28.40	359.46	12.66
大豆	一年生油料作物	1.51	37.68	271.21	7.20
柳枝稷	多年生草本作物	4.50	18.40	53.48	2.91
SCR型杂交杨树	多年生木本作物	4.52	19.20	34.41	1.79
杂交杨树	多年生木本作物	4.52	19.20	84.74	4.41
谷物秸秆	作物秸秆	1.50	17.20	10.92	0.63
玉米秸秆	作物秸秆	2.69	17.80	7.38	0.41

注：T_{DM}是Tonne of dry matter的缩写，表示干物质吨；GJ是Gigajoules的缩写，表示千兆焦耳。

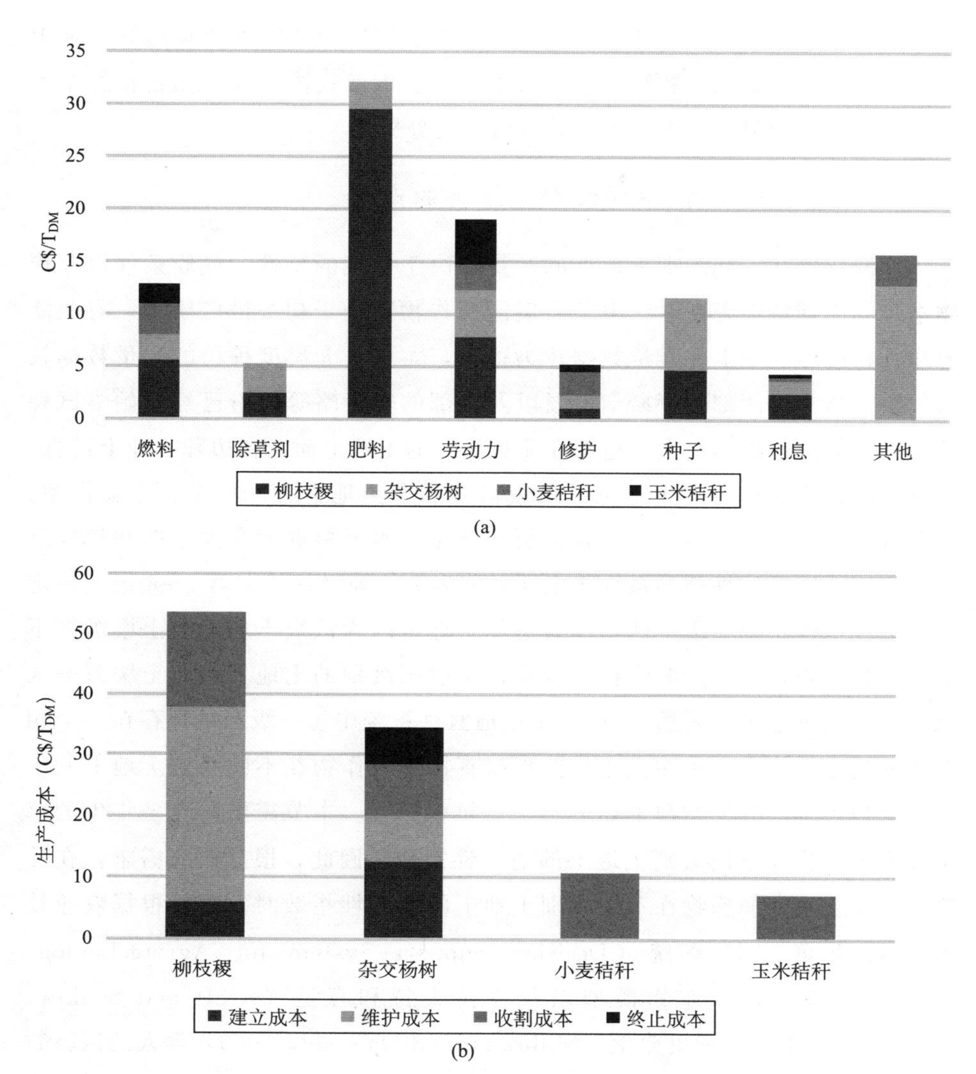

图 3-3　能源作物和作物秸秆生产成本构成与比较

二、边际土地上能源作物生产的经济性分析

以上章节分析了能源作物在不同区域的生产成本，并且将其与其他农业生物质资源进行了比较分析。本小节在此基础上研究讨论能源作物在边际土地上种植的经济可行性，为后面章节进一步分析土地资源的最优化分配与利

用奠定基础。有关边际土地的定义、划分与识别以及能源作物在边际土地上的适生性已经在第二章和第三章进行了讨论。下面具体对能源作物在加拿大边际土地上的产量、成本和收益进行讨论与分析。

（一）能源作物在不同级别土地上的产量

能源作物在不同级别土地上的产量取决于土壤的特性、气候条件以及作物本身的生理特性等条件。由于发展能源作物正处于初级推广阶段，有关能源作物在边际土地上的产量数据较为稀少，尤其是大尺度种植的产量数据较为欠缺。加拿大西部的萨斯卡彻温以及东部的安大略等省份已经开始尝试种植和发展能源作物，但大多也都在质量较好的土地上而非在边际土地上进行。因此，能源作物在边际土地上的产量需要结合土地适宜性模型、作物模型、试验数据以及相关文献进行综合分析和评定。本书根据加拿大土壤和气候条件，利用土地适宜性模型系统将土地划分为7个等级，其中第4～6级土地定义为边际土地。第7级土地不作为边际土地是因为该级土地上的土壤极度不适宜作物生长，包括能源作物和牧草；一般该级别的土地多为非土壤覆盖区域（具体见本书第二章第二节）。土地适宜性系统中每一级土地都存在一个相对应的适宜性指数，利用该适宜性指数直接反映作物在不同级别土地上的生产力，但系统已有的指数主要适用于一年生作物。本节需要研究多年生的草本和木本植物在不同级别土地上的适宜性指数，因此，根据研究需求，在计算多年生草本能源作物在不同级别土地上的适宜性指数时，需要根据农业技术转移决策支持系统（Decision Support System for Agrotechnology Transfer，DSSAT）作物模型以及克拉夫特和森基（Kraft and Senkiw，1979）、米尔布兰特和奥弗伦（Milbrandt and Overend，2009）等人的试验数据、文献数据，对原有一年生作物适宜性指数进行调整。另外，在计算多年生木质能源作物在不同级别土地上的适宜性指数时，本研究从加拿大自然资源部获取了森林适宜性分布图，然后利用地理信息系统将森林适宜性分布图与土壤适宜性图层进行叠加，最后利用公式（8）对多年生木质能源作物在不同级别土地上的适应性指数进行计算。

$$FC_i = \sum \frac{LC_j \cdot ML_j}{ML_i} \tag{8}$$

其中：FC_i代表树木在第i级土地上的适宜性指数；LC_j代表第j级森林适宜

性指数；ML_j 代表处于第 j 级森林适宜性的土地面积；ML_i 代表第 i 级土地面积。

综上所述，将计算出的能源作物在不同级别土地上的适宜性指数列于表3-12。各级土地上能源作物的产量就等于能源作物产量的理论最大值乘以各级土地的适宜性指数。

表 3-12　能源作物在不同级别土地上的适宜性指数

能源作物	第1级	第2级	第3级	第4级	第5级	第6级
多年生草本作物	0.915	0.798	0.720	0.701	0.561	0.416
多年生木本作物	0.829	0.811	0.773	0.745	0.743	0.575

（二）在边际土地上种植能源作物的成本和收益

在边际土地上种植能源作物的成本除了生产成本，还包括土地清理成本。利用以上章节介绍的计算方法以及从加拿大农业部数据库获取的数据，得到在边际土地上种植能源作物的成本（表3-13）。当生物质价格为86C$/ODT (oven dry metric ton)，柳枝稷在边际土地上的生产净收益大于零，具有经济可行性。然而，生物质价格达到116C$/ODT时，才能保证在所有边际土地上种植杂交杨树的净收益均大于零。

表 3-13　能源作物在边际土地上生产的成本和收益

成本和收益	柳枝稷			杂交杨树		
	第4级	第5级	第6级	第4级	第5级	第6级
产量（ODT/hm^2）	4.21	3.37	2.50	4.84	4.83	3.74
生产成本（$C\$/hm^2$）	211.04	190.25	168.72	417.15	416.86	385.29
土地清理成本（$C\$/hm^2$）	45.00	45.00	45.00	45.00	45.00	45.00
总成本（$C\$/hm^2$）	256.04	235.25	213.72	462.15	461.86	430.29
总收益（$C\$/hm^2$）	362.06	289.82	215.00	416.24	415.38	321.64
净收益（$C\$/hm^2$）	106.02	54.57	1.28	−45.91	−46.48	−108.65

注：该计算是基于假设柳枝稷和杂交杨树的理论产量最大值分别为6ODT/hm^2和6.5ODT/hm^2；生物质价格为86C$/ODT。

第五节 本章小结

本章对种植能源作物的经济性进行了研究。首先，从成本角度分析了种植能源作物的成本结构；其次，以柳枝稷和杂交杨树作为研究对象进行案例分析；最后，探讨了种植能源作物的经济有效性，对能源作物与其他作物的生产成本进行了比较分析，并对在边际土地上种植能源作物的经济性进行了讨论。

种植能源作物的成本包括土地开发成本、生产成本、储存成本、运输成本以及环境成本。土地开发成本中主要包括土地清理成本和机会成本。由于研究的能源作物为多年生作物，因此需要计算年摊销成本。不同类型土地的开发成本存在一定的差异，这主要是由土地现状和机会成本的差异导致的。例如，加拿大疏林地的土地开发成本高于灌木和牧草地的开发成本。在同种利用类型的土地上，加拿大东部土地机会成本高于加拿大西部。能源作物生产成本包括建立成本、维护成本和收割成本。储存成本会因储存方式的不同存在较大的差异。运输成本主要取决于不同的运输方式、燃油价格以及运输距离。环境成本和收益取决于对环境产生的影响。种植能源作物存在一定的环境收益，例如减少土壤侵蚀、养分淋失、土壤重金属含量以及土壤温室气体排放等。

研究加拿大柳枝稷和杂交杨树的生产成本为边际土地利用研究奠定了基础。比较加拿大不同区域柳枝稷生产成本，结果表明柳枝稷在不同区域的生产成本存在一定的差异。加拿大柳枝稷的生产成本为34.63～112.61C$/t，平均生产成本为53.28C$/t。加拿大十个省柳枝稷平均生产成本由高到低为SK > AB > MB > NL > NB > QU > PEI > NS > ON > BC。比较加拿大不同区域SRC型杂交杨树生产成本，结果表明SRC型杂交杨树在不同区域的生产成本也存在一定的差异，它的生产成本为23.54～91.52C$/t，平均生产成本为34.05C$/t。加拿大十个省SRC型杂交杨树平均生产成本由高到低为SK > AB > NL > NB > NS > PEI > BC > MB > QU > ON。另外，选取产量、肥料成本、燃料成本和贴现率这四个变量进行能源作物生产成本的敏感性分析，结果表明能源作物的生产成本对产量变化较为敏感；柳枝稷生产成本对肥料成本变化的敏感程度远高于杂交杨树；两种能源作物对燃料成本的敏感度相似；杂交杨树对贴现率的敏感程度远高于柳枝稷。

比较加拿大农业生物质资源一年生淀粉类作物、油料作物、作物秸秆和多年生能源作物的生产成本，排序结果为加拿大油菜 ＞ 大豆＞ 小麦 ＞ 玉米 ＞ 杂交杨树 ＞ 柳枝稷 ＞ SCR 型杂交杨树 ＞ 谷物秸秆 ＞ 玉米秸秆。由此可见，多年生能源作物（柳枝稷、杂交杨树）和作物秸秆（小麦、玉米）的生产成本较低，具有较强的经济竞争力。作物秸秆的生产成本较小是因为它的成本组成主要是收割成本，并不包括作物种植投入。另外，从生产成本结构上可以看出，柳枝稷的生产成本主要来自肥料投入，而杂交杨树则来自一些其他投入。作物秸秆的生产成本中占较大比重的是人工成本。

能源作物在边际土地上的生产力低于在好质量土地上的生产力，但比起粮食作物，能源作物在边际土地上的生产力下降程度较小。根据能源作物在边际土地上的产量和生产成本进行计算，当生物质的价格为 86C$/ODT，柳枝稷在边际土地上的生产净收益大于零，具有经济可行性；杂交杨树则需要生物质价格达到 116C$/ODT 时，才能保证在边际土地上种植杂交杨树的净收益大于零。

第四章　区域开发生物质能源的土地分配与利用

区域开发生物质能源的前提是需要具有生物质原料的供给能力。生物质原料最主要来自粮食作物、能源作物以及农林废弃物，因此，区域用来种植生物质原料的土地分配与利用情况是研究关注的重点和关键。在农业土地上种植能源作物，会造成粮食作物与能源作物对土地资源的竞争。边际土地作为一种扩展性土地资源，将其纳入生产是否可以缓解“粮油”对土地的竞争，分担原有土地资源的压力？本章以加拿大作为研究区域，通过构建农业土地利用分配模型，解决了原有加拿大区域农业模型无法研究利用边际土地开发生物质能源的问题。同时通过案例分析了2020年情景下，假设将边际土地用于种植能源作物后，新的土地分配格局与变化，以及边际土地对资源配置的影响。

第一节　加拿大区域农业模型（CRAM）

CRAM是一种经济、政策分析工具，它可以用来评估和模拟各种情景下外在驱动力对农业经济所产生的影响以及资源配置类型的变化。因此，本书试图利用该模型来分析在不同政策情景下，区域农业土地利用、转化（尤其是边际土地的使用）以及相应生物质能源供给情况（具体研究内容见第六章）。本节将对CRAM进行全面的介绍与分析。

一、模型介绍

CRAM是一个农业部门均衡模型，可分解到各个农业产品和地理空间

(Horner *et al.*, 1992)。CRAM 本质上是静态的，即当引入一个变化后可以得到新的均衡状态，但是模型并不能记录每个时间点的变化。它是一种非线性最优化模型，可以最大化生产者与消费者剩余，同时最小化运输成本。它允许主要生产和加工产品在国内各个省之间以及国与国之间贸易流通，基本的产品包括谷物、油菜籽、草料、牛（肉牛和乳牛）、猪和家禽（园艺产品除外）。政府政策可以通过直接支付或间接支付（例如补贴投入成本、供给管制等）方式加入模型中。模型的空间特征包括：畜牧生产以省为单位，作物生产在省的基础上依据农业统计调查区域边界，将加拿大划分为 55 个作物生产区域。

（一）模型历史

1985～1986 年，加拿大不列颠哥伦比亚大学的韦伯（Webber）、格雷厄姆（Graham）和克莱因（Klein）共同为加拿大农业部建立了 CRAM。该模型第一次被用于观察在草原省引进中等质量小麦后对农业产生的影响（Webber，1986）。从那之后，CRAM 开始用于研究 1985 年颁布的美国食品安全法对加拿大谷物部门的影响以及政府直接资助计划对牛肉和猪肉产业部门的影响（Webber *et al.*，1989）。同时，它还用于检验加—美贸易协定（Canada-U. S. Trade Agreement）、多边贸易谈判（Multilateral Trade Negotiations）以及西部粮食运输法案（Western Grain Transpoation Act）对加拿大农业部门的影响（Klein *et al.*，1991）。CRAM 经过不断发展，还被用于作物保险计划的环境评价以及小麦（Klein and Freeze，1995；Klein *et al.*，1995）、土豆（Oxley *et al.*，1996）、饲料和猪肉投资方面的研究。

CRAM 经过了多次的修订、扩展和完善，并且随着新的研究课题的出现，对 CRAM 的修订和改进也在持续进行。CRAM 模型最新的发展是用于评估气候变化背景下温室气体减排措施带来的影响，减排评估内容包括来自农业生产的温室气体减排以及农业土壤的碳捕获。例如，库尔什什塔（Kulshreshtha）等人在 2002 年，将温室气体排放模块（Greenhouse Gas Emissions Module，GHGE）与 CRAM 建立链接，构建了加拿大农业经济与排放模型（Canadian Economic and Emissions Model for Agriculture，CEEMA）。该模型也是本研究运用的核心模型。

（二）加入生物质能源生产模块的相关模型

生物质能源发展得到日趋强烈的关注，与发展生物质能源紧密相连的模型分析方法也在不断完善和改进，研究学者已尝试将生物质生产加入国家或区域经济模型中进行分析。这些模型分为一般均衡模型和局部均衡模型。本研究选取具有代表性的可计算一般均衡模型 GTAP（Global Trade Analysis Project）和 LEITAP（Elaborate GTAP Version）进行介绍，局部均衡模型则选取农业部门模型 FAPRI（Food and Agricultural Policy Research Institute），AGLINK（Worldwide Agribusiness Linkage Program），AGMEMOD（Agricultural Member State Modelling for the EU and Eastern European Countries），CAPRI（Common Agricultural Policy Regionalised Impact），CAPSiM（China's Agricultural Policy Simulation Model）进行介绍和分析。

1. 一般均衡模型

可计算一般均衡模型（Computable General Equilibrium）简称 CGE 模型，是对复杂经济系统所做的模拟，它重点着眼于经济系统内的市场、价格以及各种商品和要素的供求关系，要求所有市场需达到供求平衡，并采用方程的形式描述经济系统中的供给、需求及市场关系。CGE 模型基于法国经济学家里昂·瓦尔拉斯（Léon Walras）的一般均衡理论。1874 年，瓦尔拉斯用抽象的数学语言表述了一般均衡的思想，从而建立起一般均衡的理论模型。1936 年，华西里·W. 里昂惕夫（Wassily W. Leontief）在假定成本是线性的、技术系数是固定的基础上，首次引入投入—产出模型。但是，直到 20 世纪 50 年代，才由肯尼斯·J. 阿罗（Kenneth J. Arrow）和罗拉尔·德布鲁（Gerard Debreu）证明了一般均衡理论模型解的存在性、唯一性、优化性和稳定性的特点。尽管一般均衡理论模型经过多年的研究，已经取得较大的进步，但是，还需解决相应模型解的算法问题才可以将其应用于分析实际问题。幸运的是，约翰森（Johansen）在 1960 年构建了一个实际一般均衡模型，这个模型包括 20 个成本最小化的产业部门和一个效用最大化的家庭部门，同时给出了相对应均衡价格的具体算法。由于约翰森模型可计算的特点，人们普遍把约翰森模型视为首个 CGE 模型。1967 年，斯卡夫（Scarf）研制出一种开创性算法，用于求解数字设定的一般均衡模型，这种均衡价格开创性算法为一般均衡模型从纯理论结构转变为可计算的实际应用模型创造了条件，并在很大程度上促进了大型实际CGE模型的开发和应用。作为政策分析的有力工具，CGE模型经过30多年的发展，已经较为广泛地应用于税收政策评价、能源和环境政策分析等领域。

可计算一般均衡方程组包括三方面内容：供给、需求和供求关系。供给部分，模型主要对商品和要素的生产者行为以及优化条件进行描述；需求部分，模型主要对消费者行为及其优化条件进行描述；供求关系部分由一系列市场出清条件和宏观平衡条件组成。从本质上讲，CGE模型是多部门应用模型，它具有以下三点主要特征：首先，CGE模型是关于一般而非局部经济主体行为的模型，它设定所有经济主体的行为都是最优的；其次，它假设市场均衡，所有市场同时出清，所有要素和商品的价格及数量也同时内生决定；最后，它可以用于实证分析，能够产生定量具体的数据，而非纯理论分析。可计算一般均衡模型有其优势和局限。与局部均衡模型相比，可计算一般均衡模型是把经济系统作为一个整体看待，主要强调经济系统内各个部门、变量之间的相互作用。与同样被认为是多部门整体经济的投入产出模型和线性规划模型相比，可计算一般均衡模型可以模拟不同产业、消费者对各种政策引发的价格变动的反应。同时，相较于宏观经济计量经济模型，可计算一般均衡模型具有清晰的微观经济结构，具有更牢固的分析基础。虽然可计算一般均衡模型存在各种优势，但也存在一些局限。例如，它需要大量的数据运行，长期动态处理机制也有待完善。

随着各国生物质能源发展政策的出台，了解和掌握开发生物质能源对各部门经济产生的影响尤其是农业部门土地利用竞争以及对最终食品价格的影响显得尤为重要。因此，一般均衡模型已经被广泛地用于研究国际气候政策以及生物质能源发展政策产生的作用和影响。

GTAP模型是1993年美国普渡大学汤姆·赫特尔（Tom Hertel）等学者共同开发构建的全球贸易分析模型。该模型以澳大利亚的ORANI模型为基础，依靠GEMPACK软件解决模型技术层面问题。GTAP是一个比较静态模型，包括50多个贸易国家和地区的87种产品，它已被各国学者广泛用于模拟政策变动、贸易谈判、经济变动等方面带来的影响（Walmsley *et al.*，2005；Vakenzueka *et al.*，2005；Hertel *et al.*，2006）。目前，很多研究已经尝试将生物质能源生产内容加入GTAP模型中。例如，丹德斯等人（Dandres *et al*.，2012）利用 GTAP 模型从宏观尺度分析 2005～2025 年欧盟生物质能源政策对经济的影响。斯坦贝克和赫特尔（Steinbuks and Hertel，2012）利用 GTAP 模型研究了全球土地利用在粮食—能源—环境三者之间的最优分配。塔赫里普尔等人（Taheripour *et al*.，2010）则从全球畜牧产业的角度，通过 GTAP 模型分析了生物燃料生产增长对畜牧产业的影响。国内也有部分学者尝试利用 GTAP 模型分析有关生物质能源发展的影响。曹历娟（2009）运用 GTAP 模型分析发展燃料乙醇对我国粮食安全和能源安全造成的影响。

LEITAP 是 GTAP 模型的修订版本，也是一个全球可计算一般均衡模型，包括所有经济部门以及市场要素，主要用于分析世界贸易合作以及共同农业政策制定。LEITAP 模型基于数据库描述了商品与服务的生产、消费和国际贸易流通，以及各部门主要影响要素，将人口增长、技术进步以及政策刺激假设为模型结果的主要驱动力（Witzke *et al*.，2008）。

目前，LEITAP 模型的 2.0 版本已经扩展并包括生物燃料的生产、消费和贸易。现在版本的 GTAP 数据库中，可耕种的作物种类包括：水稻、小麦、谷物作物（未细分）、蔬菜、水果和坚果、油菜籽、甜菜/甘蔗、植物纤维及其他作物。生产第一代生物燃料的作物已经可以由模型模拟，例如油菜籽、甜菜/甘蔗、谷物。处理中间产品到最终产品（植物油、糖）的技术已经在标准模型中实施，同时，GTAP 数据库还包括了石油部门对植物油的需求。然而，值得注意的是，生物柴油和生物乙醇是化学部门的组成部分，因此，LEITAP 需要在 GTAP 模型的基础上进行一定的调整，使原油、“作物油”以及“作物乙醇”之间可以相互替代，以生产石油为最终产品。

LEITAP2.0 版本的模型，对 GTAP-E 模型（Burniaux and Truong，2002）的嵌套式固定替代弹性生产函数做了相应的调整和扩展，使不同产业不同种类的油产品之间可以进行替代（来自生物质的油与原油之间）（Witzke *et al*.，2008）。GTAP 的基础版本采用里昂惕夫结构来表示中间需求。模型中假设各种类型的中间投入需求的比例是固定的，然而在嵌式结构中则可以利用固定弹性替代函数来描述生产投入要素的替代关系。因此，为了模拟生产生物燃料的中间需求结构，用固定弹性替代嵌套结构替代了里昂惕夫结构。GTAP-E 模型将所有能源相关的投入都聚集到汽油部门，例如，原油、天然气、电、煤和汽油产品都作为“资本—能源”的组成部分。扩展的 LEITAP

模型将燃料生产作为“非煤部门”的组成部分，该分层不同于 GTAP-E 模型中的分层方法。非煤部门的嵌套结构如图 4-1 所示。

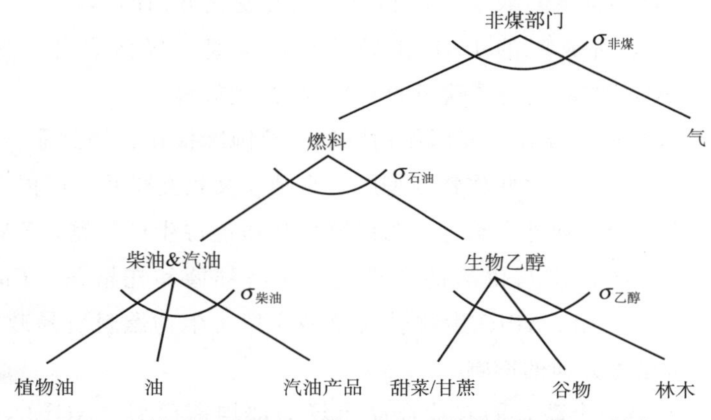

图 4-1　扩展版 LEITAP 模型中的生物燃料生产投入结构

资料来源：Burniaux and Truong，2002。

第二代生物燃料的生产还未加入 LEITAP 模型中。班斯等人（Banse *et al.*,2008）运用包括第一代生物燃料生产的 LEITAP 模型分析了欧盟生物燃料政策对世界农业和粮食市场的影响。班斯在研究中分析了欧盟成员国中两种不同生物燃料的强制混合比例：5.75％和 11.5％。研究结果表明，在没有强制性混合政策时，成员国没有实现 5.75％的生物燃料混合比例。在执行强制性混合政策时，欧盟成员国可以实现 5.75％的混合目标，但是非欧盟国家会受到一些影响。在欧盟执行强制混合比例为 5.75％时，巴西的生物燃料使用比例下降了 12％；在欧盟执行强制混合比例为 11.5％时，巴西的生物燃料使用比例下降了 25％。同时，由于欧盟生物燃料政策的驱动，农业产品价格呈现出增加趋势。

2. 局部均衡模型

局部均衡是在假定其他市场条件不变的情况下，孤立地考察单个市场或部分市场的供求与价格之间的关系或均衡状态。马歇尔是局部均衡理论的代表人物。局部均衡模型可以充分反映单个部门的细节信息。本书研究的是农业部门发展生物质能源对农户生产行为、作物生产（包括粮食和能源作物）、区域土地分配（尤其是边际土地的利用）的影响，需要更多的农业部门细节信息，所以更适合运用局部均衡模型。

目前，已有一些国家和地区农业部门的局部均衡模型经过修订可以应用于研究发展生物质能源对农业生产和土地利用变化方面的影响。例如，美国农业食品与政策研究所的 FAPRI 局部均衡模型、经济合作与发展组织（OECD）的 AGLINK 模型、欧盟的 CAPRI 模型等等。

FAPRI 模型框架涵盖了美国作物模型以及国际棉花、奶制品、牲畜、油料、水稻、糖类模型。这些作物模型既各自独立又相互联系。国内生产总值、人口数、汇率等变量均外生给定。为研究生物质能源生产问题，FAPRI 模型中加入了生物乙醇需求与供给的子模型。埃洛拜德和托格兹（Elobeid and Tokgoz，2006）利用 FAPRI 生物燃料模型模拟了生物燃料贸易政策对生物燃料生产、价格等方面的影响。

AGLINK 是一个动态的农业产品市场局部均衡模型。AGLINK 中覆盖了全球经济贸易合作组织中的所有成员国以及 36 个非成员国的农业市场信息，包括谷物、油料作物、肉类、奶制品等 15 类商品。为了分析生物质能源市场，研究者主要对模型做了两方面的修订。一方面，在供给方程中增加了原油价格变化对国内生产的影响；另一方面，对已有模型进行扩展，增加了生物乙醇和生物柴油生产内容，包括成本计算、生产生物质能源的原料配比、副产品生产等。OECD 的冯・兰佩（Von Lampe，2006）运用修订后的 AGLINK 模型，比较了不同政策情景下生物燃料生产的预期增长情况以及世界原油价格变化对其带来的特定影响。

AGMEMOD 是反映欧盟成员国农业生产信息的计量经济局部均衡模型系统。该模型也加入了生物燃料生产的内容，利用外生变量精确估计生物燃料需求是难以实现的。因此，一种规范的分析方法已经应用到 AGMEMOD 模型中来分析生物燃料生产，即生物柴油以植物油当量表示，生物乙醇以谷物当量表示。勒德布尔等人（Ledebur *et al.*，2008）在 2007 年利用 AGMEMOD 模型模拟了在生物柴油生产目标（2010 年柴油需求 5.75%来自生物柴油）情景下的农业生产情况。

CAPRI 是欧盟委员会开发的经济模型，主要用于支持科学定量分析和制定共同农业政策。该模型的空间尺度包括欧盟 27 国、挪威、土耳其以及西巴尔干地区。CAPRI 可以分成两个子模块：供给模块和市场模块。两个模块通过价格迭代相链接。CAPRI 已经被欧洲研究学者广泛运用于分析和评估农业政策对农业生产、环境等方面产生的影响。为将 CAPRI 运用于分析在生物质能源生产政策目标下欧盟各国生物质能源的生产情况，贝克尔（Becker，2008）将模型进行了修订，加入了生物燃料生产与全球生物燃料市场模块。

CAPSiM 是我国的农业部门局部均衡模型，由黄季焜教授的团队研发而成。它主要用于分析各种政策和外界冲击对中国各种农产品的生产、消费、价格和贸易的影响，以及预测未来中国农产品供给、需求、贸易和市场价格变动趋势（黄季焜、李宁辉，2003）。中国科学院农业政策研究中心运用这一模型，预测了 2010～2014 年我国主要农产品的供需关系和市场价格走势。结果表明，对我国农产品价格有着显著影响的分别是石油价格变化以及全球生物质能源的发展：在高油价模拟情景下，会导致所有农产品价格发生上涨；与生物质能源生产贸易依存度较大或直接相关的农产品价格涨幅明显高于其他农产品。目前，中国科学院农业政策研究中心已经将该模型与国民经济一般均衡模型以及全球性的贸易分析模型 GTAP 相结合，建立了中国农业可持续发展决策支持系统，开展农业政策分析与农业发展预测研究。但还未见利用 CAPSiM 具体分析发展生物质能源对农业的影响等方面的研究。

本书中运用的 CRAM 也是典型的农业部门局部均衡模型。有关模型的结构和方法以及为实现研究生物质能源对模型进行的修订都将在本书中进行具体介绍。

二、模型结构与方法

（一）模型结构

CRAM 属于典型的局部均衡部门模型。部门模型一般包括以下五个基本要素（Norton and Hazell，1986）：①对生产者经济行为以及其他重要行为主体的描述；②生产者可获得的技术及其组合；③生产者可获取的资源禀赋；④生产者及其他行为主体所处的市场环境；⑤特定的政治环境和经济系统。CRAM 包括所有这些要素以及加拿大农业部门主要的生产行为。因此，CRAM 能够在结果中提供很多细节信息。CRAM 中包含了 2 300 多个变量和 1 300 多个公式以及两大模块：作物生产模块和畜牧生产模块。

1. 作物生产模块

在作物生产模块中，每个省至少包括一个作物生产区域。作物生产内容既包括谷物和油料作物生产，也包括干草和牧草的生产。所需数据包括土地利用类型、耕种面积、产量、成本、作物类型等。土地被划分成三种类型：耕地、改良的牧场、未改良的牧场。耕地可以用来生产牧草和饲料用草。生产出的部分商品之间存在替代关系。作物生产模块的主要产出结果是不同区域的作物生产面积、产量以及相应的经济价值如生产和消费者剩余等。

2. 畜牧生产模块

畜牧生产模块包括四种生产类型：牛、奶、猪和禽类。每一类生产的种类是确定的，总共有15个生产种类。牛和猪类生产部门的模拟计算运用了实证数学规划方法，奶和禽类部门的模拟计算运用了线性规划方法。模型输入数据包括：①饲料需求量、成本和产量；②畜禽宰杀率、替代率、出生率和死亡率；③期初存货量。畜牧生产部门是农业生产的一个主要组成部门。该模块可以模拟出牲畜生产数量、出栏价格以及进出口等贸易信息。

（二）实证数学规划方法

为了使CRAM模型结果更接近真实值，模型选择利用实证数学规划方法（Positive Mathematical Programming，PMP）来代替原有的线性规划方法。1995年，豪伊特（Howitt）正式提出“实证数学规划”方法。此方法可根据实际观测到的生产行为对模型进行标定，确保模型模拟的最优值与实际观察值一致，还可以使模型的应用不受到标定条件的约束，因此具有了较大的灵活性，这种方法也符合经济学中边际收益递减的基本假设。PMP模型在政策效果分析中的广泛应用，正是基于上述优点。

采用PMP模型分析政策效果共分三个步骤。第一步，在线性规划模型中根据实际观察值增加标定约束条件，并利用线性规划模型计算各标定约束条件的对偶值（影子价格）。

目标函数：

$$\max TGM = \sum_{i}(r_i X_i - c_i X_i) \tag{1}$$

约束函数：

$$\sum_{i} X_i \leqslant b \tag{2}$$

其中：$X_i \leqslant b_i$；标定约束条件，$X_i \geqslant 0$；TGM 为总纯收益；X_i 为第 i 种作物的播种面积；i 为作物品种；r_i 为第 i 种作物的单位收益；c_i 为第 i 种作物的单位可变成本；b 为可利用的总播种面积；b_i 为实际观察到的第 i 种作物的播种面积。

根据上述模型，我们可以计算得到标定约束条件的对偶值 $\lambda_{cal(i)}$。

第二步，根据标定约束条件的对偶值计算 PMP 模型目标函数中平均成本函数的斜率并建立 PMP 模型。PMP 模型假定各种作物种植的边际收益是递减的，因此，目标函数中平均成本就不再是一个固定值 c_i，而是 $0.5\gamma_i X_i$，因为一般二次函数平均成本函数的斜率是边际成本函数斜率的 1/2，PMP 模型假定边际成本曲线经过原点，即边际成本的函数形式为 $\gamma_i X_i$，则平均成本函数为 $0.5\gamma_i X_i$。这样，PMP 模型就可表示为：

目标函数：

$$\max TGM = \sum_{i} (r_i X_i - 0.5\gamma_i X_i^2) \tag{3}$$

约束函数：

$$\sum_{i} X_i \leqslant b,$$
$$X_i \geqslant 0 \tag{4}$$

其中 γ_i 为边际成本函数的斜率，计算公式为：$\gamma_i = \frac{\lambda_{cal(i)} + c_i}{\hat{X} i}$。$\lambda_{land(i)}$ 为第一步所计算出标定约束条件的对偶值，c_i 和 $\hat{X} i$ 分别是基期观察到的可变成本和作物播种面积。

第三步，利用上述建立的 PMP 模型，根据具体政策措施评价的需要，调整模型中的相应参数，将计算模型结果与基期结果进行比较，便可分析评价政策变动以后的作用效果了。

（三）通用代数建模系统

为了使 CRAM 更加具有实用性、可操作性和便携性，1991 年 11 月，CRAM 的编写由原先的 FORTRAN/MPSXg 框架转换成了 GAMS 框架。GAMS 是通用代数建模系统（General Algebraic Modeling System）的简称，它最早是由世界银行的米拉乌斯（Meeraus）和布鲁克等（Brooke *et al.*，1988）研发的。GAMS是专门针对线性、非线性以及混合整数的最优化问题而设计的建模系统。对于大型的、复杂的问题，该系统可以提供较大的帮助，GAMS可以实现多平台运行，包括PC端、工作站、大型计算机以及超级计算机。GAMS参数设置较为简单，在列表和表格形式中可以一次性输入所需的数据。模型较易理解，是以简洁的代数形式表示的，相关约束数的集合都会输入一个代数形式中。GAMS可以防止通用性的模型不适用，可自动生成约束等式并处理特殊的情况。当出现其他相似或相关的问题时，不需更改代数式，错误位置和形式可以在给出解决方案前查明，再次使用模型中的表述即可。GAMS可以处理包括时间序列、滞后、超前及时间终点的处理等动态模型。

GAMS可支持的模型类型有：线性规划（LP）、非线性规划（NLP）、混合整数规划（MIP）、混合互补问题（MCP）、受约束的非线性系统（CNS）、带方程式约束的数学规划（MPEC）、混合整数非线性规划（MINLP）、带非连续导数的非线性规划（DNLP）、混合整数二次约束规划（MIQCP）、二次约束规划（QCP）。

GAMS的灵活性较强。GAMS安装后，可以把模型从一个计算机平台任意移到另外一个平台。GAMS还可以进行敏感度分析，能够较为方便地编程求解一个成分的不同值并给出每种情况的解决方案。GAMS模型能够同时进行开发和文档化，因为GAMS允许用户用包含解释性的文本定义和解释任意符号及等式。由于具备了以上这些特性和优点，GAMS已经被广泛应用于构建局部均衡模型和一般均衡模型。

三、利用CRAM分析边际土地利用的障碍与不足

在CRAM中，土地利用类型分成三类，包括耕地、改良牧场和未改良牧场。耕地主要用于粮食和饲料作物生产，改良牧场和未改良牧场专属用于畜牲生产。这种土地划分方式是根据土地功能划分的，较为粗略，无法判定拥有不同土壤质量等级土地的利用情况，本书试图研究开发生物质能导致的土地利用变化及影响，其中最为主要的是研究边际土地被能源作物利用的情况，而已有CRAM模型的土地分类方法则无法满足上述研究需

求。利用 CRAM 分析边际土地利用的障碍与不足主要可以概括为以下三点：①CRAM 没有根据土地的适宜性将土地按等级划分，因此，无法对优质和劣质（边际）的土地进行区分与识别；②CRAM 中无法识别不同作物在不同级别土地上的分布情况，进而也无法识别能源作物与粮食作物对不同级别土地的竞争以及边际土地的使用情况；③CRAM 中作物的产量使用的是区域平均产量，无法将不同级别土地对作物产量的影响以及相应的经济性呈现出来。因此，已有的 CRAM 模型无法满足新的研究目标需求，需要对 CRAM 进行补充和修订。本书通过建立 LUAM 模型（本章第二节将进行详细介绍）并将其与 CRAM 链接，从而解决和弥补了利用 CRAM 分析边际土地利用的障碍与不足。

第二节　农业土地利用分配模型（LUAM）

本书建立了一个基于农户层面的土地利用分配模型（Land Use Allocation Model，LUAM）。建立该模型的主要目的是为了模拟出不同农业作物在不同级别土地上的种植面积，以填补 CRAM 缺少不同级别土地利用信息的空白。LUAM 可以为政策决策者提供一个具有更多细节和信息的窗口，包括作物在不同级别土地上的种植面积，并可以用于识别不同土地质量上作物对土地的竞争关系。

一、理论分析

土地利用分配模型的建立是基于“理性经济人”（Rational Economic Man）假设。“理性经济人”是西方主流经济学最基本的概念，它是指个人在一定约束条件下实现自己的效用最大化。该假设是英国古典经济学家亚当·斯密（Adam Smith）提出的，他认为，“每个人都在努力为自己所能支配的资本找到最有利的用途。固然，他所考虑的是自身利益而非社会利益”（斯密，1996）。

本书中的“理性经济人”是指在一定生产条件下，追求净收益最大化的主体。LUAM 对区域土地利用分配（农户生产行为）的模拟即是基于

“理性经济人”假设理论之上。建立LUAM时假定区域土地利用分配的目标是不同作物在各级土地上的净收益之和最大化。同时，假定农户充分掌握土地等级以及作物市场信息。虽然假设中忽略了影响农户生产行为的种植习惯、风险规避心理等要素，可能会使模型模拟的结果与真实数据存在一定的差异，但通过本节案例分析的验证模拟效果来看，所忽略的影响因素不会影响土地利用分配的最核心本质。“理性经济人”假设成立。

二、案例分析：安大略省南部区域农业土地利用分配研究

（一）研究地点

在CRAM模型中，根据农业统计区域的划分，安大略省被划分成十个子区域（也叫CRAM区域）。根据数据的可得性、典型性和代表性，本研究选取安大略省南部CRAM区域2作为LUAM模型研究区域。该区域总面积为68.58万公顷，其中农业区域所占比例为78.64%。该区域包括三个主要城市：伦敦（London）、伍德斯托克（Woodstock）和布兰特福德（Brantford）。该区域年平均气温为7.8摄氏度，年均降水量为944.7毫米。根据LSRS系统中对气候等级的划分，该地区均处于一级气候区。气候条件很适宜作物生长，主要限制条件为土壤和景观条件。

该区域主要种植作物包括玉米（饲料玉米和谷物玉米）、大豆、小麦、苜蓿、大麦等。其中，大豆种植面积最大（10.96万公顷），占所有作物种植总面积的27.85%。

（二）研究方法和模型输入数据

1. 研究方法

本研究利用最优化分配理论建立了农业土地利用分配模型，并用其对加拿大安大略省南部CRAM区域2进行模拟和分析。该模型建立的理论依据已在前文予以论述。模型包括一个目标方程、两个变量（自变量和因变量）、六个参数和五个限定条件（表4-1）。模型的求解目标是最大化不同级别土地上种植不同作物总的生产净收益。土地等级分为1～6级。作物种类包括：饲料玉米，干草，土豆（无灌溉、灌溉），苜蓿，小麦（深耕、中耕、免耕），大

麦（深耕、中耕、免耕），大豆（深耕、中耕、免耕），谷物玉米（深耕、中耕、免耕）和其他（无灌溉、灌溉）。目标方程中的自变量是 i 作物在 j 级土地上的种植面积（单位：公顷）；因变量是所有作物在所有级别土地上总的生产净收益（单位：加元）。六个参数分别是：①i 作物种植总面积（单位：公顷）；②j 级土地的总面积（单位：公顷）；③i 作物的销售价格（单位：加元/吨）；④i 作物在 j 级土地上的产量（单位：吨/公顷）；④i 作物在 j 级土地上的生产成本（单位：加元/公顷）；⑤i 作物在 j 级土地上的生产力指数。五个限定条件分别是：①i 作物在 j 级土地上的种植面积大于等于零；②i 作物在不同级别土地上种植面积总和等于 i 作物在该区域种植的总面积；③不同作物在 j 级土地上种植面积总和小于等于该区域该级土地的总面积；④i 作物在 j 级土地上的产量等于该作物的理论最大产量乘以 i 作物在 j 级土地上的生产力指数；⑤计算出 i 作物在不同级别土地上的产量之和应该约等于 i 作物单位面积平均产量乘以 i 作物总种植面积，范围设定在 0.99～1.01。模型的运行环境是一般线性代数模拟系统（GAMS），与 CRAM 模型相同。有关 GAMS 的介绍和描述见本章第一节。具体模型程序及代码见附录（二）。

表 4-1　模型组成与内容

项目	内容
目标方程	$MaxNR = \sum_{i,j}(p_i \cdot y_{i,j} - c_{i,j} \cdot y_{i,j}) \cdot x_{i,j}$
变量	i 作物在 j 级土地上的种植面积（$x_{i,j}$）； 农业生产总净收益（NR）
参数	i 作物种植总面积（A_i）；j 级土地的面积（B_j）； 单位价格（p_i）；单位面积产量（$y_{i,j}$）；单位成本（$c_{i,j}$）；生产力指数（$q_{i,j}$）
限定条件	（1）$x_{i,j} \geqslant 0$； （2）$\sum_{j=1,2,3,4,5,6}^{j} x_{i,j} = A_i$； （3）$\sum_{i=(corn,\ wheat,\ \cdots)}^{i} x_{i,j} \leqslant B_j$； （4）$y_{i,j} = q_{i,j} \cdot y_{i\max}$； （5）$0.99 \cdot Y_{i,average} \cdot A_i \leqslant \Sigma\ (y_{i,j} \cdot x_{i,j}) \leqslant 1.01 \cdot Y_{i,average} \cdot A_i$

2. 模型输入数据

模型所需数据为面板数据（2006 年），主要包括不同级别土地的面积、不同作物种植面积和作物在不同级别土地上的生产力指数等。输入数据类别和来源列于表 4-2，具体数据见附录（二）。

表 4-2 模型输入类别与来源

类别	来源
不同级别土地面积（b_j）	LSRS 与土地覆盖图，利用 GPS 计算求得（见第二章）
不同作物种植面积（a_i）	来自加拿大农业统计数据
作物均衡价格（p_i）	来自 CRAM
作物成本（c_i）	来自 CRAM
作物平均产量（y_i）	来自农业统计数据
不同级别土地上作物生产力指数（$q_{i,j}$）	一年生作物：来自 LSRS、文献、试验数据和模型模拟； 多年生草本作物：来自文献和基于假设； 多年生木本作物：林业部门和 LSRS

不同级别土地上不同作物种类的生产力指数是目前利用边际土地的一个研究难点。相关研究多是基于粗略的假设，缺少相关的模型模拟和试验数据支持。本研究在对不同级别土地上作物生产力指数的估测上具有一定的突破和创新。首先，本研究根据 LSRS 等级划分，将适宜性等级分数归一化，得到作物生产力指数；其次，根据克拉夫特和森基（Kraft and Senkiw，1979）、霍夫曼（Hoffman，1972）的试验数据得到基于野外试验的产量数据，将其归一化；最后，将两种方获取的生产力指数综合计算平均值，再与 DSSAT 模型模拟出的作物生产力进行比较，结果较为一致。由此，即得到本研究中各种作物在不同等级土地上的生产力指数（表 4-3）。

表 4-3 不同级别土地上作物生产力指数

作物种类	土地等级					
	1 级	2 级	3 级	4 级	5 级	6 级
饲料玉米	1.000	0.784	0.666	0.656	0.379	0.257
其他	1.000	0.784	0.666	0.656	0.379	0.257
干草	0.915	0.798	0.720	0.701	0.561	0.416

续表

作物种类	土地等级					
	1级	2级	3级	4级	5级	6级
土豆	1.000	0.784	0.666	0.656	0.379	0.257
苜蓿	0.915	0.798	0.720	0.701	0.561	0.416
小麦	1.000	0.784	0.666	0.656	0.379	0.257
大麦	1.000	0.784	0.666	0.656	0.379	0.257
大豆	1.000	0.784	0.666	0.656	0.379	0.257
谷物玉米	1.000	0.784	0.666	0.656	0.379	0.257

（三）模型分配结果

在GAMS环境中运行LUAM，得到安大略省南部农业种植区域土地利用分配结果（表4-4）。根据最优化分配模拟结果可知，几乎所有的作物均分布于较好的土地上（第1～3级），符合经济规律。只有苜蓿、其他作物[①]和大麦在边际土地上略有分布，且种植面积较小。这主要是由于苜蓿是多年生草本，在边际土地上生产力较高，适应性较强；其他作物则是由于其在所有级别土地上的经济收益都很低，导致其难以竞争到好的土地。玉米（无论是作为饲料还是谷物）基本均分布在第1～2级土地上。耕作方式在一定程度上也会影响同种作物在不同级别土地上的分布。例如，土豆和其他作物在灌溉的耕作管理方式下，对土地的扩张、占有能力更强。深耕和中耕方式种植的作物与不耕作相比，更倾向于分布在较好的土地上，这主要是由于在好的土地上，农民对它的产出期望值较高，生产投入度和积极性也就较高。

表4-4　2006年不同级别土地上作物种植分配模拟结果（hm^2）

作物种类	耕作方式	土地等级					
		1级	2级	3级	4级	5级	6级
饲料玉米	—	2 519	12 137	0	0	0	0
其他	—	6 595	0	0	7 062	0	0
	灌溉	3 024	2 112	0	2 839	0	0

① 其他作物指的是除主要作物以外的其他在该区域种植的田间作物，如加拿大油菜、亚麻等。

续表

作物种类	耕作方式	土地等级					
		1级	2级	3级	4级	5级	6级
干草	—	0	4 148	1 806	0	0	0
土豆	—	109	526	0	0	0	0
	灌溉	171	821	0	0	0	0
苜蓿	—	0	35 041	2 697	0	3 232	0
小麦	深耕	12 248	0	17 222	0	0	0
	中耕	1 482	13 958	0	0	0	0
	无	2 119	20 161	0	0	0	0
大麦	深耕	749	5 107	0	0	0	64
	中耕	1 295	0	1 805	0	0	0
	无	421	4 049	0	0	0	0
大豆	深耕	4 334	43 716	0	0	0	0
	中耕	10 370	0	14 811	0	0	0
	无	14 961	0	21 379	0	0	0
谷物玉米	深耕	8 916	42 974	0	0	0	0
	中耕	4 727	22 463	0	0	0	0
	无	10 540	20 421	8 279	0	0	0

以上分配结果基本上反映了不同级别土地之间的竞争以及不同作物之间对相同级别土地的竞争情况。

（四）验证模拟结果

LUAM模型模拟的是最优化的分配结果。在实际生产中，由于农户耕作习惯、风险规避心理和对市场的预期等因素的影响，往往实际土地利用和分配情况与模型模拟结果存在一定的差异。所以，需要根据实际数据来验证模型的有效性。我们将模型模拟的结果根据各级土地在每个SLC（Soil Landscape of Canada）区域中按已知土地等级比例进行分配，得到每个SLC区域内各种作物的种植面积（模拟数据）；然后与2006年实际每个SLC区域农业统计调查数据（观察数据）进行比较，做相关性分析，并计算判定系数（R^2）和标准均方根误差（Normalized Root Mean Square Error，NRMSE）来判断模型模拟结果的真实有效性。

模拟结果如图 4-2～图 4-7 所示。各种作物 R^2 均大于 0.5，NRMSE 最小值为 0.31%，最大值为 17.34%，说明模型模拟效果较好。其中，大豆的模拟结果非常理想，R^2 最高（R^2=0.882 8）且 NRMSE 只有 0.31%。苜蓿与其他种类作物相比，模拟结果 R^2 相对较小（R^2=0.542 2），NRMSE 相对较高，但也只有 17.34%。土豆和其他作物没有被包括在验证结果中，主要是因为土豆种植面积较小，观测数据过少，不适宜做相关性分析；其他作物没有被包括在分析结果中，主要是因为它包括过多的可变要素，且农业统计数据与模型中的其他作物所包括的作物种类并不完全一致，缺乏可比性。

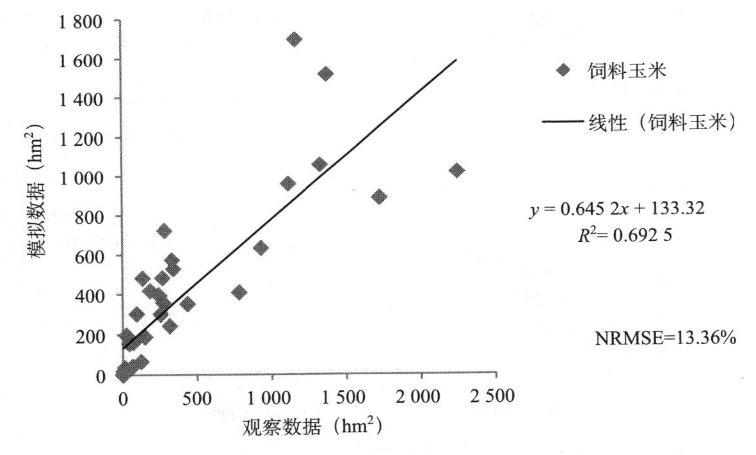

图 4-2　饲料玉米模拟面积与观察数据的相关性分析（2006 年）

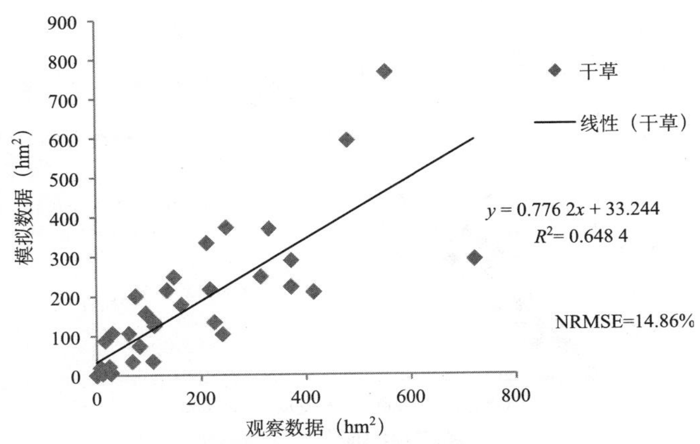

图 4-3　干草模拟面积与观察数据的相关性分析（2006 年）

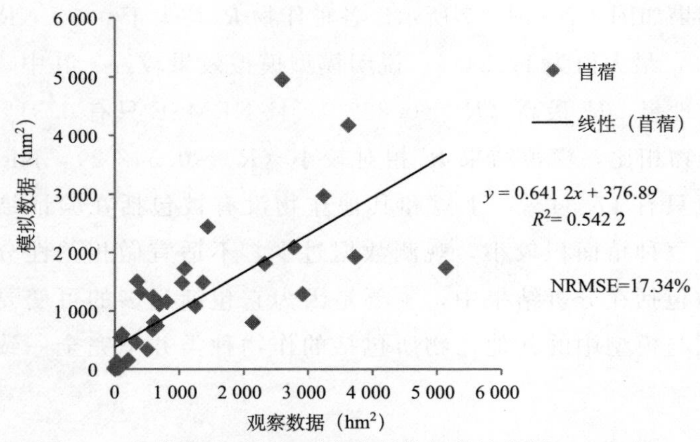

图 4-4 苜蓿模拟面积与观察数据的相关性分析（2006 年）

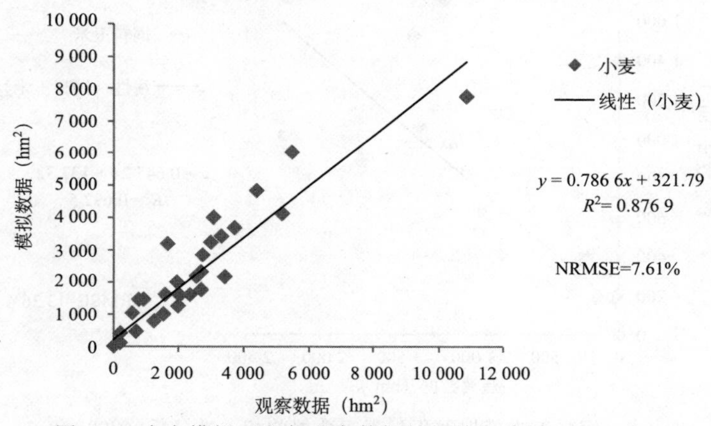

图 4-5 小麦模拟面积与观察数据的相关性分析（2006 年）

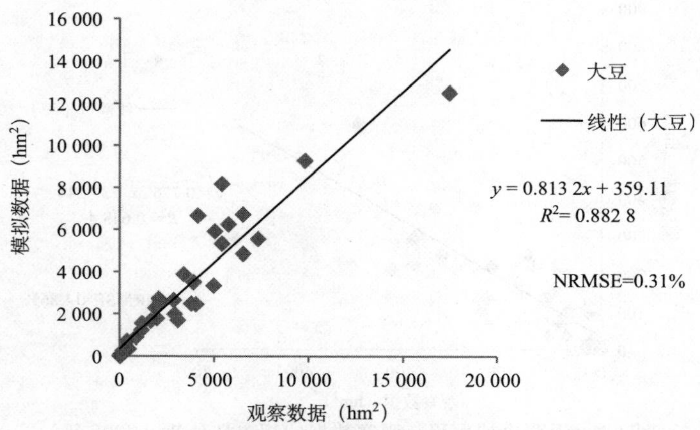

图 4-6 大豆模拟面积与观察数据的相关性分析（2006 年）

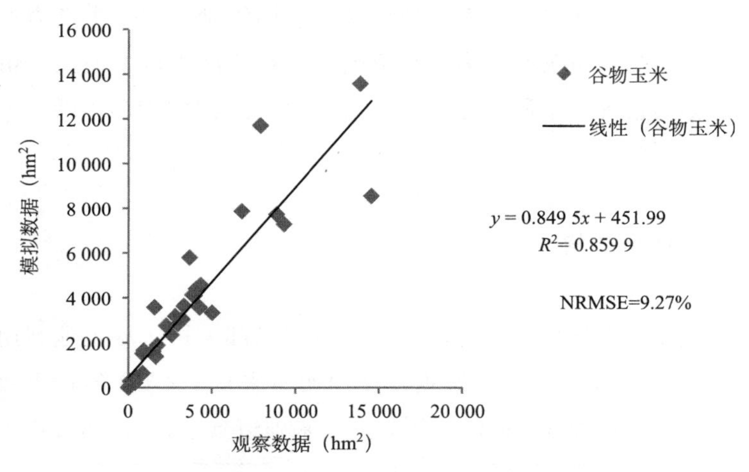

图 4-7　谷物玉米模拟面积与观察数据的相关性分析（2006 年）

不同作物的模拟效果存在一定的差异。例如，大豆这种高经济收益作物的种植驱动力较为明显，农户一般会选择在好的土地上种植，相对容易模拟。而像苜蓿这类种植利润较低，又广泛种植于各种级别土地上的作物，变异性较大，相对较难模拟。同时，土地流转也会对估测结果产生影响。与其他类似模型相比（Hussain *et al.*，1999），本研究中建立的土地利用分配模型所达到的模拟效果较好，并且对不同级别土地上不同作物分配面积的模拟具有一定的创新性。

第三节　CRAM 与 LUAM 的关系及链接

一、LUAM 对 CRAM 的分解与完善

LUAM 研究的是局部区域不同级别土地上不同作物的最优分配问题。它的优点在于其包含了土地适宜性信息，考虑了土地的异质性，能够更加清晰明确地识别边际土地的分布及其适宜性。CRAM 研究的是整体区域的资源利用。虽然不同 CRAM 区域存在地区差异性，但在同一个 CRAM 区域内，假设土地同质，作物在该区域土地上的生产力不存在差异。虽然 CRAM 中利用 PMP 方法校订了边际成本，从一定程度反映了要获得同样产量，生产投入会

存在一定的差异，但还是无法直观地反映出不同级别土地上生产力的差异以及不同作物之间的竞争关系。为了更清晰地分析边际土地上的生产情况以及区域土地的拓展情况，本研究建立的LUAM模型是对CRAM区域土地分布的细化、分解与完善。

二、两个模型的链接

对两个模型建立链接，使得可以从整体到局部分析区域土地利用和分配情况。LUAM中包括六项输入数据，其中四项来自CRAM的输出数据。两个模型的链接关系如图4-8所示。例如，在基础情景下，由CRAM可以获得

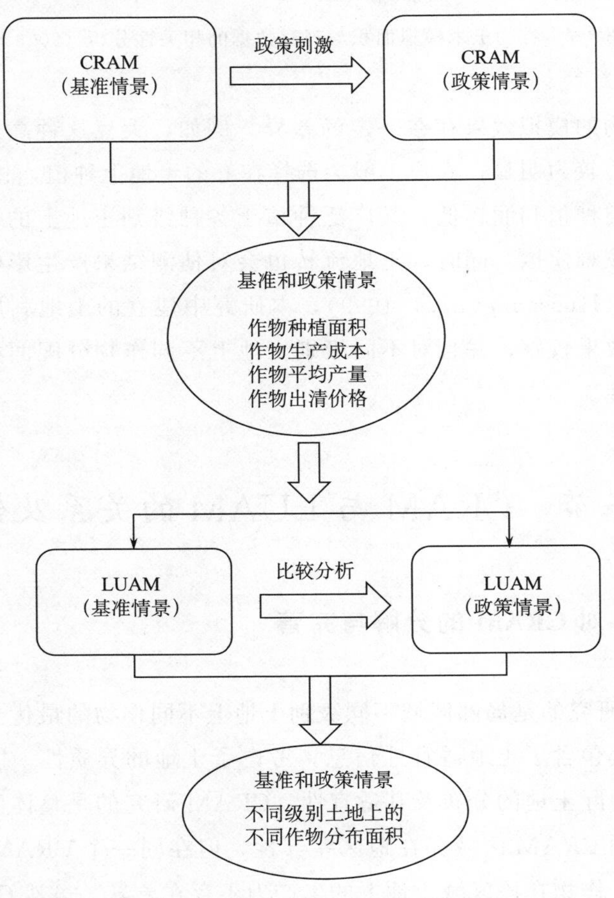

图4-8 CRAM与LUAM的链接关系

各类作物的种植面积、生产成本、平均产量和出清价格等数据信息，这四类CRAM输出数据即为LUAM运行所需的输入数据，将数据输入LUAM进行模型运算，即可获得基础情景下，不同级别土地上不同作物种植面积的具体数据。当系统受到政策刺激时（例如碳税或补贴），CRAM可以获得政策情景下新的均衡数据。将新的均衡数据录入LUAM，通过运算即可得到政策情景下新的不同级别土地利用分配情况。由此可见，通过两个模型的链接，可以实现比较政策前后边际土地的开发利用情况；同时，还可以研究不同政策刺激对利用边际土地开发生物质能的作用和影响。

第四节 能源作物的纳入与土地的扩展

一、能源作物的纳入

2008年，随着加拿大政府倡议和资助的“利用农业原料发展生物经济的最大化环境效益研究”（Maximizing environmental benefits of the bioeconomy using agricultural feedstock）项目以及“全球变化背景下加拿大农业系统的未来：环境与经济的适应、影响和风险”（The future Canadian agriculture system in a changing world: environmental and economic adaptation, impacts and risks）项目的开展，出于研究发展需要，2008年加拿大农业部政策研究中心的史密斯（Smiths）等人对CRAM进行修订和更新，建立了CRAM-2020版本，即2020年的基础情景。模型结构中加入了能源作物种植和生物质能生产的内容，新添加的内容具体包括四点。

（1）种植作物种类中新添加两种能源作物：多年生草本作物（柳枝稷）和木本作物（杂交杨树）。

（2）生物质来源种类：秸秆（小麦、大麦、燕麦等），玉米秸秆，多年生草本和木本作物。

（3）生物质能生产类型：来自生物质生产的乙醇以及来自专属能源作物生物质直接燃烧发电产生的电能。

（4）需求：增加乙醇需求，添加了电力需求以及牲畜对秸秆的需求。

新增加能源作物的种植面积在CRAM-2020中均假定为最小CRAM

单位面积（1 000 公顷）。它们的生产成本和产量已经在第三章中做了详细介绍和分析。LUAM 模型中也相应增加与 CRAM 模型保持一致的新增能源作物。

二、土地的扩展

（一）模拟生物质能生产对土地利用的影响

种植能源作物会增加对耕地的需求。与此同时，随着全球人口增加，对粮食需求的增加导致粮食作物与能源作物对土地的竞争日趋激烈。为了研究生物质能生产引起的土地利用变化，模型以一种可解释的方式来分析土地转换是必要的。截至目前，已有一些研究尝试模拟这种土地利用变化。最普遍的方式就是通过固定替代弹性（Constant Elasticity of Transformation，CET）框架引入更多土地投入要素的信息。这个概念所表述的是土地可以转换成不同的用途，转换的难易程度由替代弹性表示。波特斯等（Boeters *et al.*，2008）选取固定替代弹性框架分解各种可耕地土地利用类型。设定两种不同类型的可耕地之间的替代弹性默认值等于 2，调整转换弹性的范围是 0.5～15。敏感性测试结果表明，替代弹性为 2 时，可耕地地租以及经济福利结果较为稳定有效。固定替代弹性框架可以通过嵌套多个层次修订使其更接近实际转换情况。班斯（Banse *et al.*，2008）运用类似的方法在 GTAP 模型中模拟土地转化结果。该研究没有遵循 GTAP 对所有土地利用类型之间替代一致的假设，而是加入了三层的固定替代弹性嵌套结构，使不同土地利用类型之间具有不同的替代性。该方法基于 OECD 的 PEM（Policy Evaluation Model）模型结构。第一层次被分成园艺作物、其他作物和大田作物/牧草；第二层次将大田作物/牧草再细分成牧草、甜菜和谷物/油菜籽；第三层次再将谷物/油菜籽这一类划分成小麦、粗粮和油菜籽。顺着这个结构，土地之间的替代容易程度逐级增加。此外，研究者引入土地供给曲线使土地转化和土地禀赋内生化。土地供给曲线模拟了每个区域土地供给与地租之间的关系，描述了原料需求的增加对土地稀缺国家的地租影响程度大于土地资源丰富的国家，这会影响当地生物燃料生产成本以及它们的竞争力。

赫特尔等（Hertel *et al.*，2008）、比鲁尔等（Birur *et al.*，2010）的研

究都采用了固定替代弹性框架，将其纳入 GTAP-AEZ 模块，其中 AEZ 是指农业生态区。每一个农业生态区域内具有相对一致的气候和土壤条件，一共划分出 18 个农业生态区。每个农业生态区包括一个两层嵌套式固定替代弹性函数来决定不同土地利用方式的转换：上层的（第一层）结构决定了作物、牧草以及林地之间的转换；第二层又将作物划分为不同的类别。

古尔格尔等（Gurgel *et al.*，2007）则采用了不同的方法，他们的研究是对赖利和帕尔采夫（Reily and Paltsev，2007）工作的扩展。赖利和帕尔采夫（Reilly and Paltsev，2007）将生产生物质能源的纤维素转化技术引入 EP-PA（Emissions Prediction and Policy Analysis）模型。古尔格尔等没有选择 CET 框架，因为他们关注的是长期的土地利用可能产生的激变，在 CET 框架中不能充分反映这种变化。于是，研究中引入了可以反映从一种土地转换成另一种土地利用类型的转换成本。一共考虑了五种不同的土地类型，分别是：耕地、牧草地、采伐林地、天然草地和天然林地。假定耕地作为生物质生产的总的土地投入要素，这就形成了粮食作物与能源作物对耕地的土地竞争。天然草地和林地这两种土地类型与耕地之间的转化是有一定限定的，用一个替代版本的模型来反映这种土地转化，在转化过程中加入固定要素，从而可以反映和复制观察到的历史转化过程。原始版本的模型允许土地利用类型之间无限制的转化，只要给定相应的转化成本。显而易见，生物质生产在没有限制转化的模型中总生产量较高。古尔格尔运算与赖利研究中相似的温室气体稳定序列，结果表明生物质生产量在无限制的土地转化模型中超出有限制的土地转换模型 10％～20％。

（二）修订 CRAM 的土地扩展能力

在 CRAM 中加入新的土地（包括边际土地）组成部分［程序代码及数据见附录（三）］，修订总目标方程中的土地供给方程，使得土地具有扩展的能力，其中也包括在边际土地上的扩展。新增的土地类型包括林地、灌木和草地。在 LUAM 中增加能源作物和新增土地（含边际土地），与 CRAM 模型保持一致。修订后的 GAMS 程序见附录（四）。

第五节　案例分析：能源作物与粮食作物之间的土地竞争

选取安大略省南部 CRAM 区域 2 作为研究地点，进行案例分析。2020 年作为区域研究的基础情景。2020 年的农业部门发展水平和市场条件参照《加拿大农业中期展望 2011～2021》（AAFC，2008）。2020 年，在 CRAM 模型中研究区域的土地分配及作物种植生产情况列于表 4-5。与 2006 年的生产情况相比［见本章第二节和附录（二）中数据］，2020 年，玉米（饲料和谷物）、其他作物、干草、苜蓿和大豆的种植面积均有所增加，小麦和大麦的种植面积有所下降，土豆的种植面积没有发生变化。玉米、大豆的种植面积增加主要是因为在气候变化的背景下，安大略省的气候较为适宜这类作物种植，具有较大的优势；同时，由于生物质能源发展的需求，对以玉米和大豆作为生物质能生产原材料的需求增加，作物价格升高，种植面积增加。小麦种植量减小并非是对小麦的需求量减小，因为市场价格仍处于增长状态，其可能原因是西部省份具有较强的比较优势，小麦种植面积在西部区域扩展较多，从而使得东部小麦种植面积进一步减小。土豆种植面积没有发生变化，主要是土豆需求量和市场价格相对稳定，而且土豆种植总面积在该区域所占比例较小（0.4%）。

表 4-5　2020 年安大略省 CRAM 区域 2 作物生产情况

作物种类	耕作方式	种植面积 (hm^2)	产量 (t/hm^2)	成本 (C$/$hm^2$)	均衡价格 (C$/t)
饲料玉米	—	17 499	21.99	1 099.84	109.92
其他	—	15 418	2.43	644.38	836.24
	灌溉	10 096	2.70	1 576.66	779.60
干草	—	6 442	7.96	589.43	109.46
土豆	—	634	23.25	4 078.35	212.48
	灌溉	992	26.86	4 910.04	212.63
苜蓿	—	44 330	8.70	653.14	109.47

续表

作物种类	耕作方式	种植面积（hm²）	产量（t/hm²）	成本（C$/hm²）	均衡价格（C$/t）
小麦	深耕	28 284	5.28	806.32	219.11
	中耕	13 771	5.28	791.04	219.11
	无	19 878	5.28	768.35	219.13
大麦	深耕	5 124	3.43	577.83	189.31
	中耕	2 685	3.43	565.26	189.39
	无	3 875	3.43	558.41	189.32
大豆	深耕	54 252	2.64	596.55	465.58
	中耕	28 424	2.64	593.11	465.63
	无	41 029	2.64	607.96	465.48
谷物玉米	深耕	61 956	8.88	1 070.18	189.49
	中耕	32 460	8.64	1 028.87	189.49
	无	46 855	8.16	1 048.26	189.49
能源作物 1（多年生草）	—	1 000	6.00	181.04	31.40
能源作物 2（杂交杨树）	—	1 000	7.50	329.55	13.30

将 CRAM-2020 的均衡结果作为 LUAM-2020 的输入数据，运算 LUAM-2020，得到不同级别土地上的作物种植分配结果（表 4-6）。由 LUAM-2020 土地的分配结果可以看出，新增加的两种能源作物均分布在边际土地上，主

表 4-6　2020 年不同级别土地上作物种植分配模拟结果（hm²）

作物种类	耕作方式	土地等级					
		1 级	2 级	3 级	4 级	5 级	6 级
饲料玉米	—	3 658	13 666	0	0	0	0
其他	—	3 297	11 967	0	0	0	0
	灌溉	2 085	7 910	0	0	0	0
干草	—	0	0	5 973	0	1 218	0
土豆	—	132	496	0	0	0	0
	灌溉	207	775	0	0	0	0
苜蓿	—	0	6 452	40 515	0	0	0

续表

作物种类	耕作方式	土地等级					
		1级	2级	3级	4级	5级	6级
小麦	深耕	3 545	22 476	0	0	0	0
	中耕	6 021	0	7 612	0	0	0
	无	8 700	0	10 979	0	0	0
大麦	深耕	673	4 400	0	0	0	0
	中耕	350	2 308	0	0	0	0
	无	535	3 301	0	0	0	0
大豆	深耕	7 202	46 507	0	0	0	0
	中耕	3 846	24 294	0	0	0	0
	无	18 156	11 543	0	10 920	0	0
谷物玉米	深耕	18 380	33 027	9 930	0	0	0
	中耕	6 771	25 365	0	0	0	0
	无	9 753	36 633	0	0	0	0
能源作物1（多年生草）	—	0	0	0	0	1 327	70
能源作物2（杂交杨树）	—	0	0	0	0	1 025	0

要是因为能源作物在边际土地上的生产力指数较高，相对于一年生的粮食作物具有比较优势。因此，能源作物在边际土地上具备较强的扩展能力，符合利用边际土地种植能源作物的经济行为预期。2020年土地利用分配结果与2006年土地分配格局基本一致，一年生作物仍主要分布在较好的土地上，多年生作物则被种植于等级相对较低的土地上。

第六节　本章小结

本章在第三章种植能源作物的经济分析基础上，从区域土地最优化分配的角度进一步分析能源作物与粮食作物对土地资源的竞争，尤其是边际土地在区域土地利用和分配中所起的作用。

加拿大区域农业模型（CRAM）是一种经济、政策分析工具，它可以用来评估和模拟各种情景下外在驱动力对农业经济所产生的影响以及资源配置类型的变化。CRAM 一直用于研究农业土地资源的最优化利用情况，但利用 CRAM 分析边际土地的利用存在障碍与不足，表现为：①CRAM 中假设土壤同质，没有将土地划分等级；②CRAM 中无法识别不同作物在不同级别土地上的分布情况；③CRAM 中作物产量使用的是区域平均产量，无法体现出不同级别土地生产力的差异。综上所述，利用 CRAM 无法满足对利用边际土地开发生物质能源研究的需求。因此，本研究开发了土地利用分配模型（LUAM）并将其与 CRAM 链接，从而弥补了 CRAM 的不足。LUAM 是个基于农户层面的土地最优化分配微观经济模型，它所依据的是“理性经济人”假设，追求净收益最大化原理。

本章以加拿大安大略省南部作为研究区域进行案例分析。根据区域农业作物生产情况构建 LUAM，在 GAMS 环境中运行，得到不同作物在不同级别土地上的分配情况。同时，利用 2006 年实际数据验证模型有效性，验证结果表明判定系数（R^2）和标准均方根误差（NRMSE）均达到模型通过要求，模拟结果较好。接下来，将微观经济模型 LUAM 与宏观经济模型 CRAM 建立链接，从而可以由整体到局部分析区域土地利用和分配情况。LUAM 中包括六项输入数据，其中四项来自 CRAM 的输出数据。在 2006 年的基础上，研究 2020 年区域土地利用情景。首先，对 CRAM 进行了修订，添加了能源作物生产和土地扩展能力；其次，根据《加拿大农业中期展望 2011～2021》，将 CRAM 调整为 CRAM-2020 基础情景。将 CRAM-2020 的均衡结果作为 LUAM-2020 的输入数据，运算 LUAM-2020，得到作物在不同级别土地上的分配结果。研究表明，新增加的两种能源作物（柳枝稷和杂交杨树）均分布在边际土地上，符合对利用边际土地种植能源作物的经济行为预期。2020 年土地利用分配结果与 2006 年土地分配格局基本一致，一年生作物仍主要分布在质量较好的土地上，多年生作物则多分布在边际土地上。

第五章　开发生物质能源对温室气体排放的影响评估

第一节　温室气体排放研究背景

“人类社会的可持续发展”这一概念自1987年出现在世界环境与发展委员会（World Commissions on Environment and Development）出版的报告以来，已成为世界各国的一个重要发展方向和目标。政府在制定各种发展政策时，都需要考虑其所带来的环境影响和损害。在长年的经济发展过程中，产生的一个重要的环境影响就是全球气候变化。正如联合国政府间气候变化专门委员会（Intergovernmental Panel on Climate Change，IPCC）在2007年发布的第四次评估报告中指出，导致全球气温上升90%的原因是人类活动产生的温室气体排放量的增加。这份由全球130多个国家和地区约2 500名科学家共同完成的报告详细计算了各种人类活动对气候的影响。计算结果表明，进入工业时代以来，人类活动对气候的净影响主要体现为气温升高。导致全球变暖的主要原因之一是人类在近一个世纪以来大量使用化石燃料（如煤、石油等），排放出大量的二氧化碳等多种温室气体。温室气体对来自太阳辐射的可见光具有高度的透过性，对地球反射出来的长波辐射具有高度的吸收性，从而引发产生“温室效应”，导致全球气候变暖。全球变暖后会产生诸如全球降水量重新分配，冰川和冻土消融，海平面上升等一系列变化。这些变化将有可能破坏自然生态系统的平衡，威胁人类的粮食供应和居住环境。政府间气候变化问题小组根据气候模型预测，到2100年为止，全球气温估计将上升1.4～5.8摄氏度（2.5～10.4华氏度）。根据这一预测结果，全球气温将出现过去一万年中从未有过的巨大变化，从而给全球环境带来潜在的重大影响。因此，各国政府以及公众已经渐渐意识到并且开始关注温室气体排放所导致的全球气候变化。2014年11月2日，IPCC在丹麦哥本哈根发布了第五次评估报告的《综合报告》，报告指出人类对气候系统的影响是明确的，而且这种影响在不断增强，在世界各个大洲都已观测到种种影响。如果任其发展，气候变化将会增加对人类和生态系统造成严重、普遍和不可逆转影响的可能性。因此，有必要实施严格的减缓措施，将气候变化的影响保持在可管理的范围内，从而创造更美好、更可持续的未来。为了阻止全球变暖趋势，1992年联合国专门制订了《联合国气候变化框架公约》，该公约于同年在巴西里约热内卢签署生效。依据该公约，发达国家同意在2000年之前将他们释放到大气层的二氧化碳及其他“温室气体”的排放量降至1990年时的水平。另外，每年二氧化碳合计排放量占到全球二氧化碳总排放量60％的国家还同意将相关技术和信息转让给发展中国家。发达国家转让给发展中国家的这些技术和信息有助于后者积极应对气候变化带来的各种挑战。截至2004年5月，已有189个国家正式加入了上述公约。

生物质能源作为一种可再生能源，具有减少温室气体排放的潜力。很多国家已经将发展生物质能源作为应对气候变化的重要手段之一。美国能源部和农业部在2002年联合提出《生物质技术路线图》，其中提出到2020年，生物质能源和生物质产品较2000年增加20倍，达到能源总消费量的25％（2050年达到50％），相当于减少7 000万辆汽车碳排放（程序，2009）。2010年10月21日，美国农业部又正式发布了生物质作物援助计划（Biomass Crop Assistance Program）。该计划由2008年农业法案授权设立，旨在鼓励大面积种植非粮食、非饲料作物，以满足未来可再生能源生产需求并应对气候变化。欧盟国家更是将生物质能源的温室气体减排效应作为发展生物燃料的首要目标和出发点。欧盟2009年发布的《可再生能源指令》（2009/28/EC）要求到2020年，欧洲全部能源消费中可再生能源比例达到20％，各成员国在2020年运输业的汽油和柴油消费中，生物质能源至少占10％。中国也将发展生物质能源作为重要的应对气候变化措施之一。2014年11月，国家发展改革委发布的《国家应对气候变化规划（2014～2020年）》中指出，发展生物质能是优化能源结构，应对气候变化的重要领域。到2020年，全国生物质能发电装机容量达到3 000万千瓦，生物质成型燃料年利用量5 000万吨，沼气年利用量440亿立方米，生物液体燃料年利用量1 300亿立方米。综上所述，发展生物质能对温室气体减排具有重要作用。那么，在边际土地上种植能源作物这一开发生物质能源的途径是否能够实现温室气体的减排？下面将具体展开论述。

一、能源作物种植与温室气体排放

利用能源作物发展生物质能源对温室气体排放量的影响主要来自两个方面：一方面，利用生产出的生物质能源替代化石能源，能够减少温室气体的排放量；另一方面，发展生物质能源会导致土地利用方式和格局发生变化，从而导致温室气体排放量发生变化。其中，土地利用变化导致的温室气体排放变化又可以分为直接土地利用变化排放和间接土地利用变化排放。直接土地利用变化包括两部分的变化：第一部分是指已有的农业种植格局发生改变，例如将种植粮食作物的土地转为种植能源作物；第二部分是指种植新的能源作物可能会扩展已有农业土地范围，将其他土地利用类型转化成种植能源作物。间接土地利用变化是指将原先种植粮食作物的土地用来种植能源作物，而将其他的土地（林地或湿地等）用来种植原先种植的粮食作物。间接土地利用变化一般难以衡量，主要是由于它的发生往往不局限于一个地区或国家（Gawel and Ludwig，2011）。例如，加拿大为发展生物质能源减少了小麦的种植，从而减少了小麦的出口量，这将导致全球小麦供给量的减少，其他依赖进口加拿大小麦的地区或国家需要寻求新的小麦供给源。因此，某些地区或国家就会开发新的土地增加对小麦的种植。但这种间接土地变化往往是很难衡量的。综上所述，核算发展生物质能源导致温室气体排放的变化主要包括以下两方面：一方面是生物质能源替代化石能源导致的温室气体排放量的变化，该变化的核算较为复杂，不同的生物质原材料、转化技术、输入数据、系统边界、前提假设等都会对核算结果产生影响；另一方面是由于土地利用变化所导致的温室气体排放量的变化，有关这一变化将在下一节中详细论述。

二、土地利用变化

（一）直接土地利用变化

当非生产生物质用途的土地转化为生产生物质用途时，即发生直接的土地利用变化。这种土地利用变化会对土地碳储量产生影响，土地碳储量的变化是积极变化还是消极变化取决于该土地原有的种植利用情况。例如，如果将林地转化为农业用地，可能会减少土地碳储量。已有研究表明，将耕地转化为多年生草地，在五年时间的观测中土地固碳量每公顷增加了 1.1 吨（Gebhart *et al.*，1994）。另外还有一些研究也表明，种植多年生牧草并将其转化为生物质能源具有大幅增加土壤碳含量的潜力（Garten and Wullschleger，2000；Zan *et al.*，2001；Conant *et al.*，2001）。当然，土壤碳库的变化高度依赖于地理位置、耕作方式、气候、土壤特性等条件。

近期，来自直接土地利用变化产生的温室气体排放量分析刚刚被纳入生物质能源系统生命周期评价的研究中，目前研究已掌握了一些参数的默认值。例如，IPCC 提供了一些土地转换方式导致温室气体排放变化计算的参数值，以此来评估每年土地直接变化产生的影响（IPCC，2006）。同样，在相关文献中也可以找到其他一些参数的理论值。目前，一些软件工具可以用来模拟碳库的变化（Gabrielle and Kengni，1996；Skjemstad *et al.*，2004），但想要准确地给出一个普适性的结论却是有困难的，因为每个研究案例都有自己的参数设定和不同参数的敏感性分析。

（二）间接土地利用变化

当把耕地或牧草地转化为用于生产生物质能源原料时，一些其他类型的土地可能转化为耕地或牧草地，以弥补生物质生产占用的农用地。这种不易察觉的潜在发生的土地利用变化即为间接土地利用变化。为了满足生物质能源的生产需求，需要保证生物质能原料的供给，除了利用专属能源作物、废弃生物质等方式，增加这些原料的供给方式包括：生物质的替代使用（将粮食作物用于能源生产）、耕种面积扩张、缩短轮作周期、增加单产等。除了提高单位产量，其他几种方式都将产生间接的土地利用变化。而且这种间接土地利用变化对温室气体排放产生的影响往往大于直接土地利用变化产生的影响。尽管间接土地利用变化在计算过程中存在很大的不确定性与难度，但仍有一些学者给出了这种影响的理论阈值（Conant *et al.*，2001；Fargione *et al.*，2008）。然而，如果将能源作物种植于边际土地，并且实施相应的耕作管理策略，则不会发生间接土地利用变化。

第二节 加拿大农业温室气体排放模型（GHGE）

上一节讨论了开发生物质能源对温室气体排放的影响，本节则以加拿大农业温室气体排放模型为例，具体介绍开发生物质能源导致温室气体排放变化的计算方法。加拿大农业部门温室气体排放模型（Greenhouse Gas Emissions Model，GHGE）是一个基于电子表格的核算模型。它可以用来预测由于资源利用变化所导致的温室气体排放量的变化。例如将CRAM预测出的农业生产以及土地利用的变化结果输入GHGE中，预测出相关的温室气体排放量的变化。GHGE预测结果包括来自农业（作物和畜牧）生产的直接和间接温室气体排放。预测的温室气体种类包括二氧化碳（CO_2）、甲烷（CH_4）和一氧化二氮（N_2O）。这些排放可以被归纳为四大类：①农业生产直接产生的温室气体排放；②生产上游：农业生产投入等相关的温室气体排放；③生产下游：农产品加工等产生的温室气体排放；④间接排放：与农业生产相关的其他温室气体排放。这四种排放类型由模型中的八个模块进行预测。

一、模型基础

建立GHGE需要考虑一系列的要素。很多基础考虑要素是为了与IPCC对温室气体的评估体系以及加拿大国家温室气体评估方法和体系保持一致。同时，还需要与CRAM建立特定的关系和链接。

（一）温室气体排放核算范围

确定研究尺度和边界是进行温室气体排放核算的前提。GHGE的第一个假设前提是温室气体排放核算考虑范围是建立在农场尺度上的。农场尺度的温室气体排放与土地利用相关。土地利用类型包括农业生产土地利用类型以及非作物种植但与农业生产相关或属于农业范畴的土地利用类型。例如农场防风林以及处于自然状态的林地和灌木丛。这些都是农业温室气体排放的一部分，需要进行核算。

第二个假设前提是模型核算的所有温室气体排放都来自农场尺度进行的经济活动，包括来自作物和畜牧生产行为产生的直接温室气体排放以及相关的间接温室气体排放。农业温室气体间接排放核算参照的是IPCC的指导原则，同时与加拿大国家温室气体排放清单（National GHG Inventory）保持一致。连锁引起的温室气体排放包括生产上游和下游链接生产行为产生的温室气体。上游链接包括农业生产投入要素的供给，如投入要素的制造、储存和运输过程中产生的温室气体；下游链接包括把农业产品作为原材料生产成最终产品过程中产生的温室气体。

GHGE的开发基于上述假设条件。间接排放和连锁引起的排放被纳入农业部门温室气体排放量的统计和计算中，但是非农业耕作区域的排放被归为农业生态系统层级的温室气体排放。

（二）与CRAM的一致性

GHGE中温室气体排放的计算是基于农场尺度的经济活动。区域的温室气体排放需要分解到单个商品，使其与农场尺度的温室气体核算建立严格的链接关系。GHGE在设计开发时，保持了与CRAM一致的区域划分方式，从而便于模型之间的链接。

1. 区域划分

GHGE中将加拿大划分出多个区域，对每个区域分别进行温室气体排放的计算。划分成多个区域主要是基于以下三点原因：首先，不同的区域具有不同的生产组合，因此，不同区域的温室气体排放组成和排放水平有所不同；其次，不同区域所采取的生产技术也可能存在差异，从而导致不同组成和水平的温室气体排放；最后，加拿大各个省的农业政策是由联邦政府和省政府共同制定的，所以每个省的减排措施会略有不同，检验减排措施效果应该至少在省级尺度开展。GHGE中每个省子区域的划分与CRAM中对加拿大农业区域的划分保持一致。

2. 作物生产

GHGE中确定作物生产类别需要考虑以下三个主要指标。第一，区域作物种植情况；第二，作物耕作类型；第三，生产技术。第一个指标是区域温室气体排放需要核算的主要作物种类的指标，主要作物不包括水果和蔬菜（因为它们的种植面积占比较小）。第二个指标主要包括两种耕作类型：连续耕作（stubble）和夏季轮作［利用夏季休耕地（fallow）耕作］。第三个指标主要是基于耕作系统考虑不同生产技术水平。识别的三种耕作系统包括：精耕细作/传统耕作、适度/中等程度耕作和免耕/不耕。根据这三个指标，确定出GHGE中一共包括52种不同的作物生产类型需要进行温室气体排放核算（表5-1），分别是：饲料大麦（连续—精耕、连续—中耕、连续—免耕），啤酒大麦（连续—精耕、连续—中耕、连续—免耕），加拿大油菜（连续—精耕、连续—中耕、连续—免耕），加拿大油菜（夏季轮作—精耕、夏季轮作—中耕、夏季轮作—免耕），谷物玉米，青贮饲料玉米，硬质小麦（连续—精耕、连续—中耕、连续—免耕），硬质小麦（夏季轮作—精耕、夏季轮作—中耕、夏季轮作—免耕），亚麻（连续—精耕、连续—中耕、连续—免耕），豌豆（连续—精耕、连续—中耕、连续—免耕），干草，扁豆（连续—精耕、连续—中耕、连续—免耕），扁豆（夏季轮作—精耕、夏季轮作—中耕、夏季轮作—免耕），燕麦（连续—精耕、连续—中耕、连续—免耕），其他作物，牧草，土豆，大豆，夏季休耕品种（精耕、中耕、免耕），边际土地上的牧草，小麦（连续—精耕、连续—中耕、连续—免耕），小麦（夏季轮作—精耕、夏季轮作—中耕、夏季轮作—免耕），东部小麦和东部大麦。

表5-1 GHGE模型中包括的作物生产类别

作物生产的编号和简称	作物生产类型的描述
1. BARFDSBI	饲料大麦（连续—精耕）
2. BARFDSBM	饲料大麦（连续—中耕）
3. BARFDSBN	饲料大麦（连续—免耕）
4. BARMTSBI	啤酒大麦（连续—精耕）
5. BARMTSBM	啤酒大麦（连续—中耕）
6. BARMTSBN	啤酒大麦（连续—免耕）
7. CANSBI	加拿大油菜（连续—精耕）

续表

作物生产的编号和简称	作物生产类型的描述
8. CANSM	加拿大油菜（连续—中耕）
9. CANSBN	加拿大油菜（连续—免耕）
10. CANSFI	加拿大油菜（夏季轮作—精耕）
11. CANSFM	加拿大油菜（夏季轮作—中耕）
12. CANSFN	加拿大油菜（夏季轮作—免耕）
13. CORNG	谷物玉米
14. CORNS	青贮饲料玉米
15. DURUMSBI	硬质小麦（连续—精耕）
16. DURUMSBM	硬质小麦（连续—中耕）
17. DURUMSBN	硬质小麦（连续—免耕）
18. DURUMSFI	硬质小麦（夏季轮作—精耕）
19. DURUMSFM	硬质小麦（夏季轮作—中耕）
20. DURUMSFN	硬质小麦（夏季轮作—免耕）
21. FLAXSBI	亚麻（连续—精耕）
22. FLAXSBM	亚麻（连续—中耕）
23. FLAXSBN	亚麻（连续—免耕）
24. FLDPSBI	豌豆（连续—精耕）
25. FLDPSBM	豌豆（连续—中耕）
26. FLDPSBN	豌豆（连续—免耕）
27. HAY	干草
28. LENTUSBI	扁豆（连续—精耕）
29. LENTUSBM	扁豆（连续—中耕）
30. LENTUSBN	扁豆（连续—免耕）
31. LENTUSFI	扁豆（夏季轮作—精耕）
32. LENTUSFM	扁豆（夏季轮作—中耕）
33. LENTUSFN	扁豆（夏季轮作—免耕）
34. OATSSBI	燕麦（连续—精耕）
35. OATSSBM	燕麦（连续—中耕）
36. OATSSBN	燕麦（连续—免耕）
37. OTHERC	其他作物
38. PAST	牧草

续表

作物生产的编号和简称	作物生产类型的描述
39. POTAT	土豆
40. SOYBEANS	大豆
41. SUMFALI	夏季休耕品种（精耕）
42. SUMFALM	夏季休耕品种（中耕）
43. SUMFALN	夏季休耕品种（免耕）
44. UILPAST	边际土地上的牧草
45. WHTHQSBI	小麦（连续—精耕）
46. WHTHQSBM	小麦（连续—中耕）
47. WHTHQSBN	小麦（连续—免耕）
48. WHTHQSFI	小麦（夏季轮作—精耕）
49. WHTHQSFM	小麦（夏季轮作—中耕）
50. WHTHQSFN	小麦（夏季轮作—免耕）
51. WHEAT	东部小麦
52. LEY	东部大麦

资料来源：Kulshreshtha *et al.*，2002，Canadian Economic and Emissions Models for Agriculture (CEEMA2.0)：Technical Documentation。

3. 畜禽生产

GHGE 中包括了所有的畜禽产品生产种类。牛、猪、家禽以及奶制品的生产是由 CRAM 决定的，羊的生产则是外生给定的。GHGE 中一共有 12 种不同的畜禽生产类型（表 5-2），分别是：精瘦牛、肉牛、奶牛、小母牛、公牛、小公牛、小牛犊、母猪、其他的猪、肉鸡、火鸡、羊（山羊和绵羊）。

表 5-2　GHGE 模型中包括的畜禽生产类别

畜禽生产的编号和简称	畜禽生产描述
1. COWCLF1	精瘦牛
2. BREPLACE	肉牛
3. DCOWS	奶牛
4. DARYHEIF	小母牛
5. BULLS	公牛

续表

畜禽生产的编号和简称	畜禽生产描述
6. STRHEF	小公牛
7. TOTCAV	小牛犊
8. BSOWS	母猪
9. OTHHOG	其他的猪
10. CHICKEN	肉鸡
11. TURLEY	火鸡
12. SHPLMB	羊（山羊和绵羊）

二、模型结构

GHGE的整体结构和所包含的八个模块如图5-1所示。此模型中主要的输入数据是由CRAM得到的作物生产类型、面积以及畜牧生产水平。CRAM和GHGE的关系是单向的，即CRAM决定了温室气体的排放水平，温室气体排放水平对于作物和畜牧生产没有反馈作用（McConkey *et al.*，2008）。模型中的八个模块所描述的内容具体如下（Kulshreshtha *et al.*，2009）。

1. 类型Ⅰ：农业生产直接产生的温室气体

模块A1：种植作物产生的温室气体。

模块A2：其他与种植作物行为相关的活动产生的温室气体。

模块B：畜牧生产相关的行为所产生的温室气体。

模块C：农业生产过程中交通与储藏行为所消耗的能源所产生的温室气体。

2. 类型Ⅱ：生产上游——农业生产投入等相关的温室气体

模块D：制造农业投入要素过程中产生的温室气体。

模块E：农业生产之外的运输与储藏消耗的能源所产生的温室气体。

3. 类型Ⅲ：生产下游——农产品加工等产生的温室气体

模块 F：农产品处理加工过程中产生的温室气体。

4. 类型Ⅳ：间接排放——与农业生产相关的其他温室气体

模块 G：来自作物和畜牧生产所产生的间接温室气体排放。

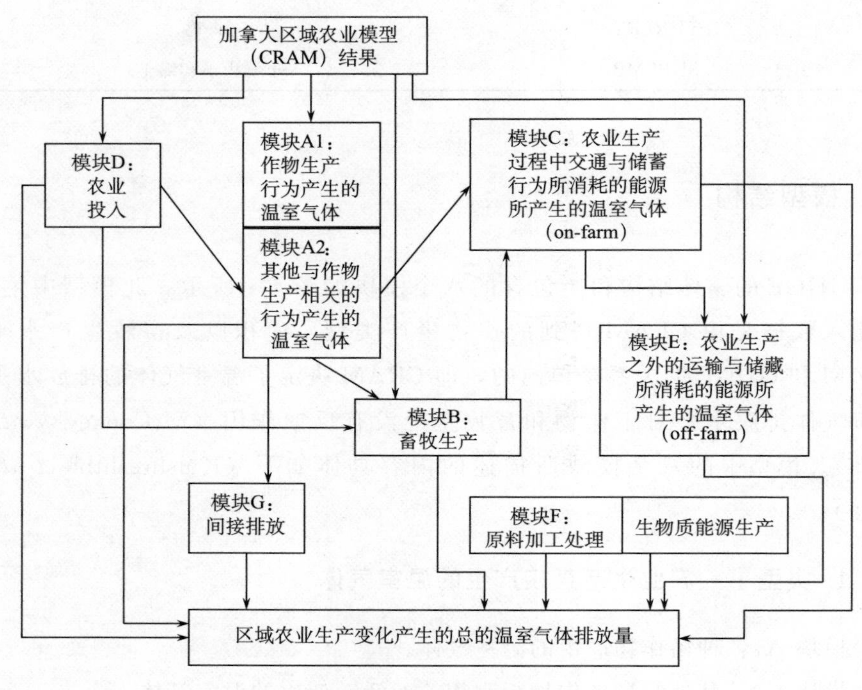

图 5-1 GHGE 模型结构

第三节 案例分析：发展生物质能源对温室气体排放的影响

一、研究内容与模型应用

本研究案例中，首先，利用 GHGE 计算 CRAM-2017 对应的农业生产相关的温室气体排放情况；其次，构建两种政策研究情景（政策描述详见表 5-3），研究在不同碳价和生物质能源发展目标情景下，温室气体排放的变化情况；最后，再分析讨论开垦新土地（包括边际土地）对温室气体排放的影响。

表 5-3　不同政策研究情景

	原油价格 (C$/bbl)	碳价 (C$/Mg CO_2e)	生物质能源替代传统能源比例（%）		
			生物质乙醇	生物柴油	生物质发电
情景一	120	25	20	8	5
情景二	120	75	20	8	20

（一）研究范围与内容

本研究中农业生产产生的温室气体排放量的计算范围和内容列于表 5-4。将核算的温室气体（甲烷和一氧化二氮）根据百年全球变暖系数转化成二氧化碳当量（甲烷与二氧化碳当量的转化系数是 21，一氧化二氮与二氧化碳当量的转换系数是 310）。在 GHGE 模型的每个子模块中，每种生产活动和行为对应相应的温室气体排放系数。各种生产活动和行为的排放系数主要来自库尔什什塔等 2002 年出版的加拿大经济与排放模型技术报告以及加拿大农业部雷·德斯贾丁斯（Ray Desjardins）等科学家的专家意见。此外，GHGE 中新开发出一个子模块用于评估生产生物质能产生的温室气体排放模块（图 5-1 中已包括）。

表 5-4　计算农业生产温室气体排放量估测范围和内容

模块	内容	温室气体排放统计类别
作物生产	作物残渣（Crop residues）	二氧化碳、一氧化二氮
	化肥（Fertilizer）	
	固氮作物（Nitrogen-Fixing Crops）	
	土壤有机物—源（Soil Organic Matters-Source）	

续表

模块	内容	温室气体排放统计类别
畜禽生产	家畜—肠内发酵（Farm Animals-Enteric Fermentation）	甲烷、一氧化二氮
	畜禽排泄—粪肥管理（Animal Excretion-Manure Management）	
	有机肥施肥（Manure Application）	
	畜禽排泄—放牧（Anaimal Excretion-Grazing on pastures）	
	畜禽粪便管理系统（Animal Waste Management Systems）	
	闲田施肥（Fallow Land Manure Application）	
间接排放	大气沉降—化肥（Atmospheric Deposition-Fertilizer）	一氧化二氮
	大气沉降—有机肥（Atmospheric Deposition-Manure）	
	氮素淋溶—化肥（Nitrogen Leaching-Fertilizer）	
	氮素淋溶—有机肥（Nitrogen Leaching-Manure）	
	有机土（Histosols）	
农业生态系统	农业土壤吸收（Agricultural Soil uptake）	—
	水涝地（Waterlogged land）	
作物生产其他相关行为	农业机械燃料（Fuel for Farm Machinery）	二氧化碳、甲烷、一氧化二氮
	土壤有机物—汇（Soil organic matter-SINK）	
农业生产过程中运输、储存和其他能源使用	作物运输（Onfarm-Crop-Transportation）	二氧化碳、甲烷、一氧化二氮
	作物生产其他能源消耗（Onfarm-Crop-Other Uses）	
	畜禽运输（Onfarm-Livestock-Transportation）	
	畜禽生产其他能源消耗（Onfarm-Livestock-Other Uses）	
农业投入	肥料（Fertilizer-Domestic Use）	二氧化碳、甲烷、一氧化二氮
	燃料（Fuel-Domestic Use）	
	杀虫剂（Pesticides-Domestic Use）	
	机械（Machinery/Implements-Doemestic）	
	运输（Transportation-Domestic）	
农业生产之外的运输与储存	作物运输（Off-farm-Crops-Transporation）	二氧化碳、甲烷、一氧化二氮
	作物储存（Off-farm-Crops-Storage）	
	畜禽运输（Off-farm-Livestock-Transporation）	

续表

模块	内容	温室气体排放统计类别
农业产品生产、加工与生物质能生产	肉类和家禽—生产（Meat and Poultry-Production）	二氧化碳、甲烷、一氧化二氮
	肉类和家禽—其他（Meat and Poultry-Other）	
	乳制品—生产（Diary Products-Production）	
	乳制品—其他（Diary Products-Other）	
	果蔬—生产（Fruit and Vegetables-Production）	
	果蔬—其他（Fruit and Vegetables-Other）	
	面包—生产（Bakery -Production）	
	面包—其他（Bakery-Other）	
	其他食品—生产（Other Foods-Production）	
	其他食品—其他（Other Foods-Other）	
	啤酒—生产（Brewery-Production）	
	啤酒—其他（Brewery-Other）	
	生物质电力生产（Biodiesel）	
	乙醇（谷物）（Grains）	
	乙醇（生物质）（Biomass）	
	生物柴油（Biodiesel）	
	其他饮料产业—生产（Other Beverage Industry-Production）	
	其他饮料产业—其他（Other Beverage Industry-Other）	

（二）模型计算参数

根据研究内容，本案例研究对 GHGE 进行了补充与修订，添加了种植能源作物以及利用作物秸秆生产生物质能源方面的计算。模型中新增的不同生物质原料生产生物质能源的转化计算参数列于表 5-5。例如，1 吨玉米可以转化为 400 升乙醇，1 吨谷物秸秆可以燃烧发电 1.67 兆瓦小时，1 吨加拿大油菜可以转化为 1 090 升生物柴油。模型中新增生物质生产生物质能源的温室气体减排参数列于表 5-6。例如，1 吨玉米转化成乙醇时可以减少 0.1 吨二氧化碳当量排放，1 吨谷物秸秆燃烧发电可以减少 1.48 吨二氧化碳当量排放，1 吨加拿大油菜转化成生物柴油可以减少 1.75 吨二氧化碳当量排放。

表 5-5　不同生物质原料生产生物质能源转化率

原料	乙醇（L/t）	电（MWh/t）	生物柴油（L/t）
玉米	400	—	—
小麦	365	—	—
谷物秸秆	220	1.67	—
玉米秸秆	240	1.73	—
多年生草	240	1.72	—
杂交杨树	220	1.86	—
粪肥	—	0.158	—
加拿大油菜	—	—	1 090
大豆	—	—	1 090

资料来源：Liu *et al.*，2011，Potential and Impacts of Renewable Energy Production from Agricultural Biomass in Canada。

表 5-6　GHGE 模型中温室气体减排参数

原料	生产生物能源的温室气体减排参数（吨二氧化碳当量/吨生物质原料）		
	乙醇	电	生物柴油
玉米	0.1	—	—
小麦	0.9	—	—
谷物秸秆	0.15	1.48	—
玉米秸秆	0.18	1.38	—
多年生草	0.20	1.36	—
杂交杨树	0.15	1.45	—
粪肥	—	0	—
加拿大油菜	—	—	1.75
大豆	—	—	1.25

资料来源：Liu *et al.*，2011，Potential and Impacts of Renewable Energy Production from Agricultural Biomass in Canada。

二、结果与分析

根据 CRAM 对 2017 年农业生产情况的预测，利用 GHGE 计算 2017 加拿大农业温室气体排放情况，结果如下。

（一）加拿大农业温室气体排放情况

2017 年，加拿大农业生产部门总的温室气体排放量为 11 987 万吨，更详尽的数据信息见表 5-7。来自农业生产的直接排放占据了总排放量的 50%以上，剩余的排放由间接和相关生产产生，排放的具体组成见图 5-2。生物燃料和生物质发电的生产与使用，一共可以减少排放温室气体 584.7 万吨。如果没有生物质能源的生产和使用，加拿大 2017 年农业温室气体排放量将达到 12 571.7 万吨。

表 5-7 2017 年加拿大温室气体排放情况（万吨二氧化碳当量）

类别			2017 基础情景	情景一	情景二
				与基础情景的差异	
IPCC 统计农业排放	作物生产		2 723.4	−176.9	−210.2
	畜牧生产		3 115.8	−101.2	−118.8
	间接排放		649.5	−6.3	−7.2
	总排放（IPCC）		6 488.7	−284.4	−336.2
其他直接排放	其他作物生产		355.9	−11.5	−17.6
	农业生产过程中运输、储存和其他能源使用		501.4	+8.4	+10.2
	净排放（其他直接）		857.3	−3.1	−7.4
总计			7 346.0	−287.5	−343.6
农产品生产与加工和生物质能源排放	农业投入		1 613.8	+106.0	+165.0
	农业生产之外的运输、储存		104.1	−14.5	−13.1
	农产品生产与加工		3 507.8	−453.7	−555.0
	生物质能源	生物质发电	−4.5	−85.7	−337.9
		生物乙醇（谷物）	−441.1	+148.2	−444.2
		生物乙醇（其他生物质）	−37.4	−1 156.7	−564.3
		生物柴油	−101.7	−256.8	−256.8
	总计		4 641.0	−1 713.2	−2 006.3
农业部门温室气体总排放量			11 987.0	−2 000.7	−2 349.9

注："−"表示相对于基础情景减少；"+"表示相对于基础情景增加。

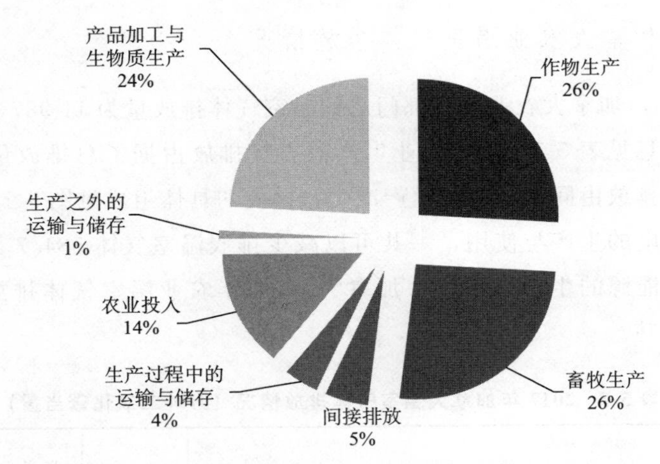

图 5-2　2017 年加拿大农业温室气体排放来源分布

（二）加拿大发展生物质能源对农业温室气体排放的影响

本案例中研究了在两种不同生物质能源发展政策情景下，温室气体排放量的变化情况。油价、碳价以及生物质能源生产比例的调控政策刺激，将导致生物质能源需求量的增加。生物质能源需求量的增加，将导致农业土地资源生产的重新分配。农业土地资源的重新分配，将导致温室气体排放水平的改变。加拿大全国在两种不同政策情景下的温室气体排放量与 2017 年基础情景的差异如表 5-7 所示。阿尔伯塔省、萨斯卡彻温省、安大略省等十个省的温室气体排放变化情况见附录（五）。

1. 作物与畜牧生产

两种政策情景下作物种植产生的温室气体排放量与基础情景相比均有所下降，这主要是由于一年生作物秸秆和专属能源作物均可用于生产生物质能源，生产出的生物质能源替代化石能源从而减少温室气体的排放。温室气体排放量的下降程度取决于用于发电和生产乙醇的生物质的多少。同样，两种政策情景下的畜牧生产产生的温室气体排放量也均有所下降，主要是由于生物质能源生产的增加导致畜牧生产量的减少。降低的畜牧生产水平对应较低的放牧系统以及牲畜粪便产生的温室气体排放量。不同省的温室气体排放情况存在一定的差异。当碳价为 25 C\$/Mg CO_2e，生物柴油替代化石能源的比例为8%时（政策情景一），阿尔伯塔省和曼尼托巴省畜牧生产部门温室气体减排量是作物生产部门的4.5倍和4.9倍［附录（五）中表2和表4］。与之相反，萨斯卡彻温省、安大略省以及魁北克省的作物生产部门温室气体减排量则多于畜牧生产部门［附录（五）中表3、表5和表6］。不同省份之间的差异主要是由于畜牧生产量的降低程度以及生物质能源生产量的增加程度不同所致。

2. 间接排放

两种政策情景下的间接温室气体排放量均比基础情景略有下降。间接温室气体排放量主要与肥料的使用以及畜牧生产的变化有关。作物生产的肥料用量变化不大，因此间接排放温室气体变化也不明显。畜牧生产部门有机肥大气沉降和氮素淋溶产生的温室气体排放量均与畜牧生产量的变化保持一致。

3. 总 IPCC 水平排放量

IPCC对农业温室气体排放量的统计范围包括作物与畜牧生产以及相关的间接排放。在全国水平下，政策情景一和情景二中IPCC统计的农业温室气体排放量比基础情景分别减少了4.4%和5.2%。减排主要来自作物秸秆的使用以及畜牧量的减少。在省级水平下，阿尔伯塔省和曼尼托巴省的温室气体减排量主要来自畜牧生产量的下降。然而，萨斯卡彻温省、安大略省和魁北克省的温室气体减排量主要来自作物秸秆生产的生物质能源减排的温室气体排放量。其他五个省（不列颠哥伦比亚、新不伦瑞克、新斯克舍、纽芬兰与拉布拉多、爱德华王子岛）没有在GHGE中嵌入生物质生产模块，所以IPCC水平的温室气体排放量变化非常小。

4. 其他农业生产直接净排放

虽然农业机械使用燃料的温室气体排放量有所下降，但农业运输排放的增加抵消了农业机械减排的效果。因此，加拿大全国总的其他农业生产直接净排放量的变化可以忽略不计。在省级层面，生物质生产总量的不同会导致温室气体净排放量的差异。阿尔伯塔省、安大略省和魁北克省的净排放减少，而萨斯卡彻温省和曼尼托巴省的净排放则是增加的。全国水平下，情景一中的温室气体减排量小于情景二中的温室气体减排量。

5. 生产投入与农业生产之外的运输排放

来自作物生产投入消耗燃料产生的温室气体排放量在两种不同政策情景中分别增加了6.6%和10.2%。农业生产之外的运输温室气体排放量有所减少。粮食出口量的降低导致了轨道运输产生温室气体排放量的减少。来自化肥生产产生的温室气体排放量可以忽略不计。在省级层面，草原省份（阿尔伯塔、萨斯卡彻温、曼尼托巴）农业生产之外的交通运输温室气体减排量最大。

6. 农产品生产与加工部门排放

增加生物质能源生产导致了农产品生产与加工部门的温室气体排放量的降低。政策情景一和情景二的减排量分别为453.7万吨和555.0万吨。生物乙醇和生物柴油生产对阿尔伯塔、萨斯卡彻温和曼尼托巴等省的农产品加工部门的温室气体排放量产生影响。

7. 生物质能源生产部门排放

在情景二中，生物质能源生产量最高，温室气体排放量最低（减排1 603.2万吨）。情景一中的温室气体减排量为1 351.0万吨，主要来自生物乙醇的生产。同等条件下，碳价和生物柴油替代化石能源的比例越高，生物质能源产量越高，温室气体减排量越大。

（三）间接土地利用变化与温室气体排放

碳价的增高会导致土地开发需求的增加。在模拟的两个不同情景中，情景二中新开发的土地面积较多，达到31.94万公顷；情景一中新开发的土地面积为9.12万公顷。表5-8中表明了在两种政策情景下，由于新开发土地导致的温室气体排放的情况。情景二中温室气体的排放量约为情景一中温室气体排放量的3.8倍，由此可见，碳价水平越高，开发新土地的驱动力越强，导致的温室气体排放量也越大。

表 5-8　2017 年加拿大新开发土地的温室气体排放情况（万吨二氧化碳当量）

地区	基础情景	情景一	情景二
不列颠哥伦比亚省	10.7	10.7	10.7
阿尔伯塔省	5.0	602.3	8 150.0
萨斯卡彻温省	3.2	3.2	973.0
曼尼托巴省	2.8	63.4	62.4
安大略省	5.0	3 204.7	6 833.2
魁北克省	5.4	694.3	1 960.0
新不伦瑞克省	0.6	234.5	234.5
新斯克舍省	0.5	0.5	0.5
爱德华王子岛省	0.3	0.3	0.3
纽芬兰与拉布拉多省	0.7	0.7	0.7
加拿大全国	34.2	4 814.6	18 225.3

第四节　本章小结

本章从环境角度分析了开发生物质能源对温室气体排放的影响，为第六章研究不同政策情景下利用边际土地开发生物质能源的温室气体排放变化分析奠定了基础。首先，综述开发生物质能源，尤其是种植能源作物对温室气体排放的影响；其次，以加拿大温室气体排放模型（GHGE）为例，介绍温室气体的核算方法；最后，运用 GHGE 模型进行案例分析，估算加拿大发展生物质能源对温室气体排放的影响。

开发生物质能源对温室气体排放量的影响主要有两方面：一方面是来自生物质能源对化石能源的替代；另一方面是来自土地利用方式和格局的变化，包括直接土地利用变化和间接土地利用变化。

加拿大农业部门 GHGE 是一个基于电子表格的核算模型，它可以用来预测由于资源利用变化导致的温室气体排放量的变化。GHGE 可以和第四章中介绍的 CRAM 进行链接，将 CRAM 预测出的农业生产情况以及土地利用变化结果作为输入数据纳入 GHGE 中，然后运算 GHGE 预测出温室气体排放量的变化。

在案例研究中，首先利用 GHGE 计算 2017 年（对应 CRAM-2017）与农业生产相关的温室气体排放情况；其次构建两种政策情景，研究温室气体排放变化情况；最后再讨论新开垦土地对温室气体排放的影响。研究结果表明，2017 年基础情景下加拿大农业生产总的温室气体排放量为 11 987 万吨，其中来自农业生产的直接排放占据了总排放量的 50%以上。生产出的生物质能替代化石能，一共可以减少排放温室气体 584.7 万吨。在不同政策情景下，情景一（碳价 25C$/t，生物质发电 5%）和情景二（碳价 75C$/t，生物质发电 20%）比基础情景下的温室气体排放量分别减少了 2 000.7 万吨和 2 349.9 万吨。新开垦土地导致温室气体排放量增加，情景二中新开垦土地引发的温室气体排放量约为情景一中的 3.8 倍。但这种由土地利用变化导致的温室气体排放是一次性的，往往难以精确计算且容易被忽略。

第六章 全球气候变化背景下不同政府规制政策情景模拟

第一节 政策选择与分析

在全球气候变化背景下，各国政府为发展生物质能源，减少温室气体排放，制定了一系列能源政策、气候政策和温室气体减排政策。这三类政策侧重于不同的发展方向，但同时又存在一些交集和联系。

生物质能源政策是一类重要的能源政策。生物质能源政策泛指为促进生物质能源基础研究、技术开发和产业化示范发展而制定的法律法规及相关鼓励政策。例如，2010年7月18日，我国发展改革委在《关于完善农林生物质发电价格政策的通知》中明确农林生物质发电项目统一执行标杆上网电价0.75元/千瓦时。2012年出台的《生物质能源科技发展“十二五”重点专项规划》《生物基材料产业科技发展“十二五”专项规划》《生物种业科技发展“十二五”重点专项规划》《农业生物药物产业科技发展“十二五”重点专项规划》中提到，在生物质能源科技领域，将培育一批新型高效生物质新品种，创制生物质能源、化学品和材料新产品，构建完善的生物质能源利用及资源综合利用技术体系。为此设定的重点任务包括生物燃气的制备与高效利用、先进生物液体燃料的制备、能源微藻育种与生物炼制、生物质高效燃烧发电和新型气化发电技术等。这些规划均对生物质能源发展起到了推动作用。同样，加拿大政府也出台了很多有关促进生物质能源发展的相关政策，2007年，联邦政府颁布《生态农业生物燃料投资规划》，计划在四年时间内投资补贴2亿加元鼓励生物燃料制造厂的创建和扩展。

气候政策是为减缓和适应气候变化而制定的政策，一般在国家战略层面制定，多为目标性政策。2009年哥本哈根会议召开前，我国政府宣布了到

2020年单位国内生产总值温室气体排放量比2005年下降40%～45%的行动目标，并作为约束性指标纳入国民经济和社会发展中长期规划。2011年3月，全国人大审议通过的《国民经济和社会发展第十二个五年规划纲要》提出，“十二五”时期中国应对气候变化约束性目标为：到2015年，单位国内生产总值二氧化碳排放量比2010年下降17%，单位国内生产总值能耗比2010年下降16%，非化石能源占一次能源消费比重达到11.4%，新增森林面积1 250万公顷，森林覆盖率提高到21.66%，森林蓄积量增加6亿立方米。根据这一气候政策目标，我国提出初步建立碳排放交易市场、增加碳汇、推进低碳试点等政策任务。加拿大近几年对气候变化也有了越来越多的关注，并在2009年哥本哈根协议中提出气候政策目标：到2020年，温室气体排放量比2005年减少17%。为实现该目标，加拿大近两年来出台了一系列相关政策、行动方案和投资计划。例如，在加拿大经济行动计划中有18亿加元专门用于保护环境、刺激经济和转变技术的绿色投资。

温室气体减排政策是最主要的一类气候政策。部分为减少温室气体排放而制定的能源政策也可以看作是温室气体减排政策。同时，还可以将温室气体减排政策看作是一类环境政策。该政策制定的目标主要是为了减少温室气体排放。温室气体减排政策具体包括碳价政策（排放权交易、碳税）、标准以及管制政策、补贴、自愿协议和研发政策等。每种类型的政策各有利弊，一般可以从环境有效性、成本有效性、公平性以及机制可行性的角度进行评价、分析和比较。在气候变化背景下，温室气体减排政策既包括了与可再生能源发展相关的能源政策，又包括了与环境保护相关的环境经济政策。最终的政策目标均是为了减少二氧化碳的排放量。目前，温室气体减排政策可以依照公共政策和环境政策的划分方法将其划分为经济激励型政策、命令—控制型政策和自愿型政策三大类。本节将对基于市场的经济激励型政策及基于政府管制的命令—控制型政策进行分析和比较，为第二节政策情景模拟奠定理论基础。

一、经济激励型政策

基于市场的经济激励型温室气体减排政策是指，根据价格规律，利用价格、税收、投资、信贷、微观刺激和宏观经济调节等经济杠杆，调整或影响主体行为，以减少或消除温室气体排放的政策方法（王金南、陆新元，1997）。这类政策的目标是利用市场价格反映经济活动产生温室气体排放造成的环境代价。基于市场的经济激励型政策主要包括价格型（碳税）和数量型（碳总量控制和排放权交易）这两种类型。

（一）碳税（Carbon Tax）

碳税是对外部性进行直接定价的一种经济激励型政策，是一种庇古税。征收碳税的根本目标是为了解决负外部性问题，减少温室气体排放。例如，某企业利用化石燃料发电向大气排放温室气体产生负的外部性。如果没有任何干预，企业不具备主动减少温室气体排放的积极性。为了减少温室气体排放，提高企业减排的积极性，政府根据温室气体污染所造成的环境损害，对企业征收碳税，即给排放温室气体造成的损害制定一个价格（t），将此价格添加到产品原有价格中去，以弥补边际私人成本（MPC）和边际社会成本（MSC）之间的差距，使污染企业原有的排放水平由 Q 减少至 Q′（图 6-1）（姚林如、杨海军，2012）。

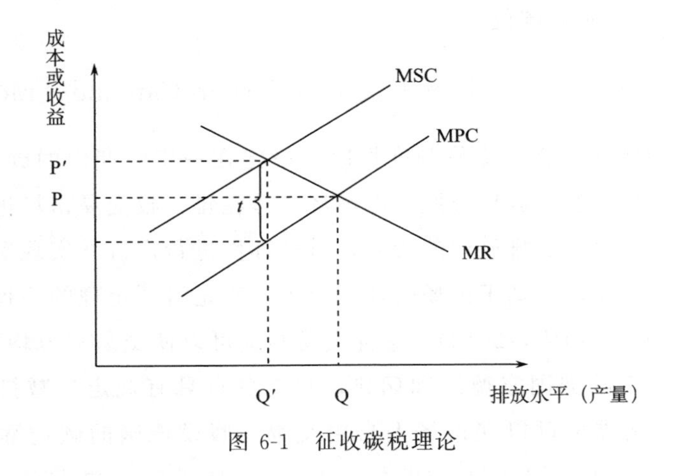

图 6-1　征收碳税理论

碳税政策得到了经济学家的广泛支持，正如诺贝尔经济学奖获得者斯蒂格利茨指出："税收对污染等坏的经济行为要比对好的经济行为如储蓄和工作更加敏感。"碳税通过对燃煤和石油下游的汽油、航空燃油、天然气等化石燃料产品，按其碳含量的比例征税，来实现减少化石燃料消耗和温室气体的排放。我国展开了很多有关碳税的讨论，但由于其研究的复杂性与实施的困难性，目前我国还未开始实施碳税政策。我国财政部建议，中国的碳税最终应该根据煤炭、天然气和成品油的消耗量来征收。碳税在起步时，每吨二氧化碳排放征税 10 元，征收年限可设定在 2012 年；到 2020 年，碳税的税率可提高到 40 元/吨。而环保部规划院课题组则建议，每吨二氧化碳排放征税 20 元，到 2020 年可以征收 50 元/吨。具体而言，每吨煤炭、石油以及每立方米天然气分别征收 11、17、12 元的碳税。目前国外实施和试点碳税政策的国家包括美国、加拿大以及北欧五国。加拿大的不列颠哥伦比亚省、阿尔伯塔省、曼尼托巴省和魁北克省均进行了碳价政策尝试［详见附录（六）］。例如，2008 年 2 月 19 日，加拿大不列颠哥伦比亚省公布 2008 年度财政预算案，规定从 2008 年 7 月起开征碳税，即对汽油、柴油、天然气、煤、石油以及家庭供暖燃料等所有燃料征收碳税，不同燃料征收的税率不同，而且未来 5 年税率还将逐步提高。不列颠哥伦比亚省政府通过增加碳税一年可增加税收 3.38 亿加元，但省政府表示不会借由碳税来增加收入，而会通过减税的方式，将碳税的收入返还给省民，还希望通过征收碳税减少能源消耗，减少二氧化碳等温室气体排放。曼尼托巴省从 2011 年 7 月起开始对燃烧煤产生的每吨二氧化碳当量征收 10 加元碳税。

（二）碳总量控制和排放权交易（Carbon Cap-and-Trade）

碳总量控制和排放权交易制度指政府确定在一定时期内的碳排放总量，然后对经济主体进行排放权分配，由经济主体在排污权交易市场进行排污权的自由交易，最终确定排放权的价格，对外部性进行定价并实现资源优化配置。碳排放权交易制度基于市场的环境政策，它是科斯定理的一种具体应用（Coase，1960；李伯涛，2012）。这种交易制度可以使交易双方均获得收益。例如，假设两个欧洲国家德国和瑞典，它们各自具有规定的减排数量要求（R_{Req}），同时减排量可以在市场上自由交易。假设德国的碳边际减排成本（MAC_G）低于瑞典的碳边际减排成本（MAC_S）。如图 6-2 中左图所示，德国碳边际减排成本曲线与给定的二氧化碳准入价格（P）相交，对应的碳减排量（R^*）大于规定减排量，因此，德国具有交易碳排放量从而获利的潜力。相对应图 6-2 右图中，瑞典的碳边际减排成本与市场碳价相交，横轴相对应的碳减排量小于瑞典需要减排的规定量。因此，如果瑞典要达到减排要求，需要支付更多的减排成本，它具有购买排放权以实现减排的需求。右图中三角形面积

Δedf 为瑞典从碳交易中获得的收益。德国通过出售碳排放权获得的收益为左图中三角形面积 Δ123。由此可见，具有不同边际减排成本曲线的两个国家、地区或企业，可以通过排放权交易减少总的减排成本，从交易中获得收益。

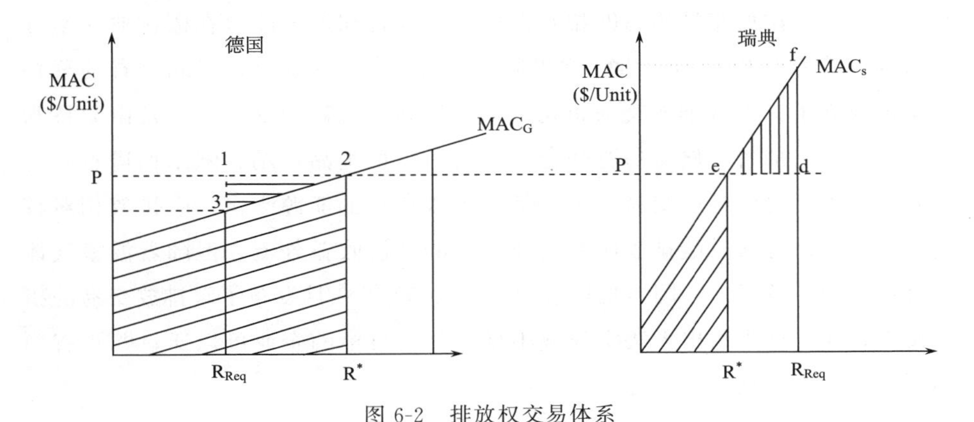

图 6-2　排放权交易体系

碳排放交易的概念源于 1968 年加拿大经济学家约翰·戴尔斯（John Dales）提出的排污权交易概念。真正的碳排放交易始于 1997 年《京都议定书》的签订。议定书中提到将市场机制作为一种解决温室气体减排的新路径，建立了三种灵活减排机制（联合履约、清洁发展机制、国际排放贸易）。这三种机制为碳排放交易的建立和发展提供了有力的支撑。自《京都议定书》生效以来，全球碳交易市场经历了快速的发展。2003 年，芝加哥气候交易所成立。它是全球首个由企业发起，横跨北美企业与城市间的自愿性温室气体减排组织。2005 年，欧盟建立了碳排放权交易制度（Emission Trading Scheme，ETS）。这是世界上第一个国际性排放体系。2011 年，欧盟碳排放交易量达到 1 480 亿美元，占全球交易总量的 84%。我国的清洁发展机制项目已走在世界前端。2008 年，该项目产生的核证减排成交量已占据世界成交总量的 84%。与此同时，碳交易机构纷纷成立。目前，我国已有的碳交易机构包括北京环境交易所、上海环境能源交易所、天津排放交易所等。除此之外，我国在制定政策方面也积极推进碳排放交易体系的发展。例如，国务院印发的《"十二五"控制温室气体排放工作方案》（以下简称《方案》）提出，到 2015 年，全国单位国内生产总值二氧化碳排放比 2010 年下降 17%，碳排放权交易市场初步形成。《方案》提出，根据形势发展并结合合理控制能源消费总量的要求，建立碳排放总量控制制度，开展碳排放权交易试点，制定相应法规和管理办法，研究提出温室气体排放权分配方案，逐步形成区域碳排放权交易体系。加拿大在碳排放交易方面也进行了一些尝试。虽然加拿大联邦政府对于碳排放交易的态度相对消极，但各省和地方政府在碳排放交易方面却进行着一些积极的探索［详见附录（七）］。2008 年，魁北克省的蒙特利尔市成立了首家碳排放交易机构——蒙特利尔气候交易所。它是由蒙特利尔交易所和芝加哥气候交易所联合成立的环境衍生品市场。阿尔伯塔省政府刚开始较为反对碳排放交易，主要是由于该省石油能源丰富，碳排放相对较高，省政府担心通过碳排放体系会使省内的经济收益外流。但随着温室气体减排任务的日益紧迫，阿尔伯塔省政府在 2002 年 8 月发布了碳排放交易的指导文件，在文件中指出无法实现减小排放强度目标的企业可以通过购买省内的碳排放权来实现减排目标。

二、命令—控制型政策

命令—控制型政策是一种传统的强制型公共管理政策。它主要是政府通过法律、法规或行政命令，规范经济主体行为，保证公共政策的执行。命令—控制型政策被广泛用于环境问题的管理中，是一种重要的环境管制手段。

本章研究的命令—控制型政策并非传统意义上的通过设定排放和技术标准来实现温室气体减排目标的环境规制政策，而是研究政府强制的可再生能源生产目标政策。这种国家为减少温室气体排放制定的生物质能源发展目标型政策，从政府制定和强制命令的角度，可以看作是一种基于政府管制的命令—控制型政策。

第二节　政策模拟

本章的研究目的是研究两类不同类型政策对农业土地利用与分配（尤其是边际土地的利用）、生物质能源生产以及温室气体排放的影响。根据研究对象和政策环境，结合实际发展需求，本研究选取模拟两类政策：一类是温室气体减排政策中基于市场的经济激励型碳价政策；另一类是能源政策中调控生物质能源生产目标的强制型政策。需要说明的是，本研究选择碳价作为经济激励型研究政策而没有具体设定某种特定的经济激励政策手段（碳税、补贴或碳排放权交易），一是因为碳价实质上是碳税或碳交易的具体表现形式，具有更强的广泛性和可比性；二是对于为政府提供政策建议而言，碳价的概念较为中性，比起令政府敏感的碳税或碳交易抑或是补贴政策，政治敏感性较弱，更容易开展政策作用的讨论。

一、基础情景

（一）2020 作为基础情景假设

建立 CRAM-2020 农业生产基础情景。2020 年的农业生产水平数据主要是基于加拿大农业部 2008 年出版的中期政策基础情景（Medium Term Policy Baseline，MTPB）报告。该报告提供了 2020 年政策基础情景，情景推断假设主要基于稳定的世界宏观经济环境、政策环境、正常的气候类型以及国际和国内的政策环境。作物和畜禽生产以及土地管理实践均是基于历史趋势和中期政策基础情景预测。

CRAM-2020 版本中的主要数据假设如下：

（1）作物的区域分布假设基于 MTPB 报告；

（2）谷物、油料和饲料作物的产量水平基于历史趋势；

（3）畜禽生产水平基于 MTPB 报告；

（4）生产成本的增加程度参考耕作投入价格指数；

（5）运输成本指数来自 MTPB 报告；

（6）作物平均免耕比例约为总种植面积的 30%，但不同区域存在一定差异；

（7）加拿大西部夏季休耕地总面积为 281 万公顷；

（8）乳制品、牛肉和猪肉的产量增长均基于 MTPB 报告；

（9）商品价格（作物和畜禽产品）来自 MTPB 报告。

此外，除了以上假设，对 CRAM 还做了部分调整，使其在适当生产水平获得最优解。例如，模型生成的饲料供给无法满足肉牛饲养需求，因此饲料产量设定额外增长了 10%。同时，MTPB 对牛肉价格的预测偏低，导致估测的牛肉产量偏低，因此为修订偏低预测，设定牛肉价格增长了 20%。

（二）CRAM 修订

对 CRAM 的修订主要是对目标方程的修订，包括增加来自谷物和能源作物生产乙醇和发电的成本以及政府支付。修订省级商品均衡等式使其包括东部生产乙醇对玉米的需求以及西部生产乙醇对小麦的需求。

修订省级（安大略省、魁北克省和草原省[①]）生物乙醇商品均衡等式增加对谷物秸秆、能源草、能源树以及玉米秸秆的需求。省级商品均衡等式包括直接用于燃烧产能的谷物秸秆、能源草、能源树以及玉米秸秆的需求。新增两种能源作物：能源草（柳枝稷）和能源树（杂交杨树）（具体见第四章）。

新引进的生物乙醇、生物柴油和生物质发电生产系数列于第五章表 5-5。新增成本参数包括谷物原料乙醇处理成本（0.25C$/t）、纤维素乙醇处理成本（0.33 C$/t）和发电成本（40.66 C$/MWh）。同时，增加生物燃料运输成本以及生物质原料（谷物秸秆、能源草、能源树和玉米秸秆）运输成本。

二、政策情景假设

（一）经济激励情景——碳价

设定碳价（二氧化碳当量）为每吨 50、100 和 120 加元，研究在只有碳价政策的经济激励情景下，区域土地利用与变化、生物质能源生产以及温室气体排放情况；同时，比较不同碳价水平下的结果差异。

在模型中引入由碳价引起的电价、肥料成本以及燃油价格的变化，新引进的参数列于表 6-1。碳价会引起电力价格、燃料价格以及肥料成本增加。

表 6-1 碳价引起的参数变化

参数	系数	新的参数
电价	0.004 50	新电价＝（碳价×0.0045＋1）×电价
肥料成本	0.002 38	新肥料价＝（碳价×0.00238＋1）×肥料价
燃料价格	0.001 40	新燃料价＝（碳价×0.0014＋1）×燃油价

资料来源：CRA International，2009，Impact on Economy of Anerican Clean Energy and Security of Act of 2009。

① 草原省即萨斯卡彻温省、阿尔伯塔省和曼尼托巴省。

（二）单一命令控制情景与复合情景

设定两种政策情景进行模拟：一种仅设定强制性能源生产目标（命令控制）；另一种设定碳价与能源生产目标复合情景（表 6-2）。同时，在两个情景中均设定至少有 50％的生物乙醇生产原料来自能源作物。

表 6-2　单一命令控制情景与复合情景设定

政策情景	原油价格（C$/bbl）	碳价（C$/Mg CO^2e）	生物质能源替代传统能源比例（%）	
			生物乙醇	生物质发电
单一命令控制	—	—	20	20
经济激励与命令控制复合情景	120	50	20	20

第三节　政策情景模拟结果

本节以第二章估测的边际土地面积和第三章分析的能源作物生产成本数据为基础，运用第四章和第五章构建的 CRAM＋LUAM＋GHGE 复合模型，对本章第二节设置的碳价情景、强制生物质能源生产情景以及碳价和强制生物质能源生产目标复合情景进行模拟，分析与比较在不同政策情景下，农业土地利用与分配（尤其是边际土地的利用）、生物质能源生产以及温室气体排放的变化情况。

一、土地利用、分配与变化

（一）碳价情景

1. 全国和区域土地利用与变化

政策会驱动区域土地利用产生变化。在不同碳价情景下，2020 年加拿大粮食作物种植面积均呈现出不同程度的减小，能源作物种植面积均有所增加。随着碳价的增高，粮食作物种植面积呈下降趋势，能源作物种植面积呈上升趋势。

当碳价为 50 C$/t 时，2020 年加拿大耕地（包括粮食作物和能源作物）面积与基础情景相比增加了 63.54 万公顷，其中能源草种植面积增加最多（157.07 万公顷），小麦面积减少最多（40.92 万公顷）。当碳价为 100 和 120 C$/t 时，耕地面积的变化趋势与碳价 50 C$/t 时相同，与基础情景相比分别增加了 166.81 万公顷和 199.62 万公顷。同样，能源草的种植面积在这两个子情景中均增加最多，分别为 366.60 万公顷和 418.68 万公顷；加拿大油菜的种植面积减少最多，分别减少 132.87 万公顷和 152.37 万公顷。在碳价情景中，碳价导致电力和燃料价格增加，从而使生物质的需求量增加，能源作物种植面积增加。

加拿大各省土地利用情况列于表 6-3。在碳价情景下，新增能源作物种植面积在西部省多于东部省，西部省能源作物种植面积增加量约是东部省的 2.3 倍。这部分是由于西部具有较多可利用的边际土地；此外，西部整体的经济发展水平略低于东部，土地价格相对较低。与此同时，西部省份粮食作物种植面积减少量约是东部减少量的 5 倍。由此可见，碳价驱动了能源作物的种植，能源作物的种植在一定程度上影响了粮食作物的供给。

表 6-3　不同碳价情景下加拿大全国及各省土地利用情况（万 hm^2）

省份	土地类型	基础情景	政策情景 碳价（C$/t）		
			50	100	120
不列颠哥伦比亚省（BC）	粮食作物	56.63	53.14	52.29	52.70
	能源作物	0.60	6.29	11.34	11.58
阿尔伯塔省（AB）	粮食作物	1 028.83	996.27	868.60	840.99
	能源作物	1.30	57.73	234.86	276.06
萨斯卡彻温省（SK）	粮食作物	1 677.25	1 674.89	1 640.31	1 627.12
	能源作物	1.60	35.32	103.97	129.97
曼尼托巴省（MB）	粮食作物	498.95	472.59	444.68	430.78
	能源作物	1.20	28.91	67.37	92.01
安大略省（ON）	粮食作物	380.85	353.60	281.41	263.05
	能源作物	1.93	32.58	104.77	123.13
魁北克省（QU）	粮食作物	200.63	184.21	185.52	179.18
	能源作物	2.20	18.72	22.40	23.75

续表

省份	土地类型	基础情景	政策情景		
			碳价（C$/t）		
			50	100	120
新不伦瑞克省（NB）	粮食作物	12.78	11.74	10.10	9.40
	能源作物	1.91	3.25	4.89	5.59
爱德华王子岛省（PEI）	粮食作物	14.96	12.93	12.55	12.45
	能源作物	1.75	3.79	4.17	4.28
新斯克舍省（NS）	粮食作物	10.20	11.15	7.97	7.49
	能源作物	0.20	0.20	3.38	3.86
纽芬兰与拉布拉多省（NL）	粮食作物	0.71	0.71	0.71	0.71
	能源作物	—	—	—	—
加拿大（CA）	粮食作物	3 881.79	3 771.23	3 504.14	3 423.87
	能源作物	12.69	186.79	557.15	670.23

注：加拿大西部省包括 BC、AB、SK 和 MB，东部省包括 ON、QU、NB、PEI、NS 和 NL。

2. 区域不同级别土地分配

选取安大略省 CRAM 区域 2 作为研究对象，利用 LUAM 模拟不同政策情景下作物在不同级别土地上的分配情况。如表 6-4～6-6 所示，在不同碳价情景下，安大略省 CRAM 区域 2 耕地面积与基础情景相比均增加了 196 公顷。新增土地均来自草地，其中较好的土地占 85.4%，边际土地占 14.6%。各种作物在不同级别土地上的分布情况基本一致。粮食作物主要分布在土壤质量和气候条件较好的土地上（第 1～3 级），边际土地上（第 4～6 级）主要种植的是能源作物。

以碳价 100C$/t 情景进行分析，该情景中不同作物的种植面积以及在不同级别土地上的分布发生了较大变化（表 6-7）。饲料玉米和能源作物的种植面积分别增加了 0.14 万公顷和 9.99 万公顷。其余作物种植面积均有所减小。在边际土地（第 4～6 级）上种植的均为能源作物，包括能源草和能源树。与 2020 年基础情景相比，原先在边际土地上分布的干草和大豆均已被能源作物替代。

表 6-4　在碳价每吨 50 加元情景下土地分配结果（hm^2）

作物种类	耕作方式	土地等级						总计
		1 级	2 级	3 级	4 级	5 级	6 级	
饲料玉米	—	3 470	12 964	0	0	0	0	16 434
其他	—	3 214	11 666	0	0	0	0	14 880
	灌溉	662	4 337	0	0	0	0	4 999
干草	—	0	0	7 114	0	0	0	7 114
土豆	—	120	454	0	0	0	0	574
	灌溉	211	789	0	0	0	0	1 000
苜蓿	—	0	35 261	9 807	0	0	0	45 068
小麦	深耕	4 908	18 209	0	0	0	0	23 117
	中耕	5 504	0	6 960	0	0	0	12 464
	无	8 530	0	9 616	0	0	0	18 146
大麦	深耕	336	2 198	0	0	0	0	2 534
	中耕	175	1 152	0	0	0	0	1 327
	无	268	1 653	0	0	0	0	1 921
大豆	深耕	10 327	38 807	0	0	0	0	49 134
	中耕	5 481	20 596	0	0	0	0	26 077
	无	22 319	0	3 992	10 933	0	0	37 244
谷物玉米	深耕	12 299	45 020	250	0	0	0	57 569
	中耕	6 429	24 083	0	0	0	0	30 512
	无	9 067	34 057	0	0	0	0	43 124
能源作物 1（多年生草）	—	0	0	37 303	0	2 614	0	39 917
能源作物 2（杂交杨树）	—	0	0	0	0	970	71	1 041
总计		93 320	251 246	75 042	10 933	3 584	71	434 196

表 6-5　在碳价每吨 100 加元情景下土地分配结果（hm^2）

作物种类	耕作方式	土地等级						总计
		1 级	2 级	3 级	4 级	5 级	6 级	
饲料玉米	—	3 959	14 792	0	0	0	0	18 751
其他	—	2 669	9 686	0	0	0	0	12 355
	灌溉	1 043	3 957	0	0	0	0	5 000

续表

作物种类	耕作方式	土地等级						总计
		1级	2级	3级	4级	5级	6级	
干草	—	0	5 906	54	0	0	0	5 960
土豆	—	71	266	0	0	0	0	337
	灌溉	206	774	0	0	0	0	980
苜蓿	—	17 225	0	26 088	0	0	0	43 313
小麦	深耕	2 848	10 566	0	0	0	0	13 414
	中耕	1 683	6 217	0	0	0	0	7 900
	无	2 560	9 419	0	0	0	0	11 979
大麦	深耕	528	2 006	0	0	0	0	2 534
	中耕	275	1 051	0	0	0	0	1 326
	无	414	1 506	0	0	0	0	1 920
大豆	深耕	217	32 357	0	0	0	0	32 574
	中耕	3 544	13 316	0	0	0	0	16 860
	无	8 185	14 120	0	0	0	0	22 305
谷物玉米	深耕	12 663	47 272	0	0	0	0	59 935
	中耕	6 691	25 068	0	0	0	0	31 759
	无	9 178	34 471	0	0	0	0	43 649
能源作物1（多年生草）	—	1 518	18 495	18 378	0	3 584	0	41 975
能源作物2（杂交杨树）	—	17 843	0	30 524	10 933	0	71	59 370
总计		93 320	251 245	75 043	10 933	3 584	71	434 196

表6-6　在碳价每吨120加元情景下土地分配结果（hm^2）

作物种类	耕作方式	土地等级						总计
		1级	2级	3级	4级	5级	6级	
饲料玉米	—	4 106	15 338	0	0	0	0	19 444
其他	—	2 418	8 779	0	0	0	0	11 197
	灌溉	1 043	3 957	0	0	0	0	5 000
干草	—	0	5 327	49	0	0	0	5 376

续表

作物种类	耕作方式	土地等级						总计
		1级	2级	3级	4级	5级	6级	
土豆	—	66	250	0	0	0	0	316
	灌溉	192	719	0	0	0	0	911
苜蓿	—	16 036	0	24 287	0	0	0	40 323
小麦	深耕	2 762	10 247	0	0	0	0	13 009
	中耕	1 453	5 368	0	0	0	0	6 821
	无	0	10 420	0	0	0	0	10 420
大麦	深耕	0	2 680	0	0	0	0	2 680
	中耕	275	1 051	0	0	0	0	1 326
	无	414	1 506	0	0	0	0	1 920
大豆	深耕	5 645	21 214	0	0	0	0	26 859
	中耕	2 957	11 111	0	0	0	0	14 068
	无	6 960	13 480	0	0	0	0	20 440
谷物玉米	深耕	0	62 848	0	0	0	0	62 848
	中耕	6 633	24 849	0	0	0	0	31 482
	无	8 930	33 541	0	0	0	0	42 471
能源作物1（多年生草）	—	10 651	18 560	5 409	0	3 584	0	38 204
能源作物2（杂交杨树）	—	22 779	0	45 298	10 933	0	71	79 081
总计		93 320	251 245	75 043	10 933	3 584	71	434 196

表 6-7　在碳价每吨100加元情景下土地分配变化（hm^2）

作物种类	耕作方式	土地等级						总计
		1级	2级	3级	4级	5级	6级	
饲料玉米	—	301	1 126	0	0	0	0	1 427
其他	—	−628	−2 281	0	0	0	0	−2 909
	灌溉	−1 042	−3 953	0	0	0	0	−4 995
干草	—	0	5 906	−5 919	0	−1 218	0	−1 231
土豆	—	−61	−230	0	0	0	0	−291
	灌溉	−1	−1	0	0	0	0	−2

续表

作物种类	耕作方式	土地等级						总计
		1级	2级	3级	4级	5级	6级	
苜蓿	—	17 225	−6 452	−14 427	0	0	0	−3 654
小麦	深耕	−697	−11 910	0	0	0	0	−12 607
	中耕	−4 338	6 217	−7 612	0	0	0	−5 733
	无	−6 140	9 419	−10 979	0	0	0	−7 700
大麦	深耕	−145	−2 394	0	0	0	0	−2 539
	中耕	−75	−1 257	0	0	0	0	−1 332
	无	−121	−1 795	0	0	0	0	−1 916
大豆	深耕	−6 985	−14 150	0	0	0	0	−21 135
	中耕	−302	−10 978	0	0	0	0	−11 280
	无	−9 971	2 577	0	−10 920	0	0	−18 314
谷物玉米	深耕	−5 717	14 245	−9 930	0	0	0	−1 402
	中耕	−80	−297	0	0	0	0	−377
	无	−575	−2 162	0	0	0	0	−2 737
能源作物1（多年生草）	—	1 518	18 495	18 378	0	2 257	−70	40 578
能源作物2（杂交杨树）	—	17 843	0	30 523	10 933	−1 025	71	58 345
总计		9	125	34	13	14	1	196

注：“+”表示与2020年基准情景相比，土地面积有所增加；“−”表示与2020年基准情景相比，土地面积有所减少。

（二）单一命令控制和复合情景

1. 全国和区域土地利用与变化

在单一命令控制和碳价与命令复合情景下，加拿大全国及各省土地利用变化情况如表6-8所示。结果表明，单一命令控制型政策情景下，加拿大全国耕地面积增加量小于复合情景下的耕地面积增加量，新增能源作物种植面积较小，粮食作物种植面积减少量较大。在复合情景中，耕地面积增加了266.37万公顷，其中能源作物种植面积增加了427.51万公顷，粮食作物种植面积减少了161.14万公顷。当需要实现同样的生物质能源生产目标时，复合政策手段比单一命令控制型手段对粮食供给的影响要小。

加拿大各个省份的土地利用情况列于表6-8。在复合政策情景下，西部省份比东部省份能源作物新增种植面积大，能源作物种植面积增加量约是东部省份的1.7倍。与此同时，西部省份粮食作物种植面积减少量约是东部减少量的1.3倍。

表6-8 单一命令控制和复合情景下加拿大全国及各省土地利用情况（万 hm^2）

省份	土地类型	政策情景	
		命令控制	碳价＋命令
不列颠哥伦比亚省（BC）	粮食作物	50.40	54.34
	能源作物	17.44	19.64
阿尔伯塔省（AB）	粮食作物	964.46	1 008.72
	能源作物	95.97	99.44
萨斯卡彻温省（SK）	粮食作物	1 614.49	1 638.43
	能源作物	83.17	90.95
曼尼托巴省（MB）	粮食作物	450.90	467.78
	能源作物	56.56	62.49
安大略省（ON）	粮食作物	327.05	345.21
	能源作物	89.12	80.99
魁北克省（QU）	粮食作物	170.90	175.86
	能源作物	51.16	46.19
新不伦瑞克省（NB）	粮食作物	11.11	8.14
	能源作物	14.89	19.49
爱德华王子岛省（PEI）	粮食作物	12.16	11.06
	能源作物	6.94	8.03
新斯克舍省（NS）	粮食作物	10.40	10.40
	能源作物	10.64	12.98
纽芬兰与拉布拉多省（NL）	粮食作物	0.71	0.71
	能源作物	—	—
加拿大（CA）	粮食作物	3 612.58	3 720.65
	能源作物	425.89	440.20

注：加拿大西部省包括BC、AB、SK和MB，东部省包括ON、QU、NB、PEI、NS和NL。

2. 单个 CRAM 区域不同级别土地分配情况

同样，选取安大略省 CRAM 区域 2 作为研究对象，利用 LUAM 模拟单一命令控制情景和复合政策情景下作物在不同级别土地上的分配情况，并将其与基础情景相比较，变化情况如表 6-9 和表 6-10 所示。结果表明，在复合政策情景中，区域耕地面积与基础情景相比均增加了约 987 公顷，新增的土地主要来自草地和灌木林地转化成的能源作物用地，其中较好的土地占新增土地总面积的 60.4%，边际土地占 39.6%。粮食作物主要分布在土壤质量和气候条件较好的土地上（第 1～3 级），边际土地上（第 4～6 级）主要种植着能源作物和少量的大豆。

表 6-9　单一命令控制情景下土地分配变化情况（hm^2）

作物种类	耕作方式	土地等级						总计
		1 级	2 级	3 级	4 级	5 级	6 级	
饲料玉米	—	−257	−959	0	0	0	0	−1 216
其他	—	−169	−611	0	0	0	0	−780
	灌溉	−1 042	−3 953	0	0	0	0	−4 995
干草	—	0	3 616	−3 565	0	−1 218	0	−1 167
土豆	—	−49	−183	0	0	0	0	−232
	灌溉	4	14	0	0	0	0	18
苜蓿	—	0	26 423	−31 999	0	0	0	−5 576
小麦	深耕	791	−6 389	0	0	0	0	−5 599
	中耕	−374	0	−1 756	0	0	0	−2 130
	无	−353	0	−2 337	0	0	0	−2 690
大麦	深耕	−144	−2 394	0	0	0	0	−2 538
	中耕	−75	−1 257	0	0	0	0	−1 332
	无	−121	−1 795	0	0	0	0	−1 916
大豆	深耕	2 700	−9 295	0	0	0	0	−6 595
	中耕	1 481	−4 277	0	0	0	0	−2 796
	无	3 205	−11 543	3 302	37	0	0	−4 999
谷物玉米	深耕	−5 274	13 993	−9 398	0	0	0	−679
	中耕	54	203	0	0	0	0	257
	无	−355	−1 333	0	0	0	0	−1 688

续表

作物种类	耕作方式	土地等级						总计
		1 级	2 级	3 级	4 级	5 级	6 级	
能源作物 1（多年生草）	—	0	0	46 059	0	469	2	46 530
能源作物 2（杂交杨树）	—	0	0	0	0	769	0	769
总计		22	260	306	37	20	2	647

注："＋"表示与基础情景相比增加；"－"表示与基础情景相比减少。

表 6-10　复合情景下土地分配变化情况（hm²）

作物种类	耕作方式	土地等级						总计
		1 级	2 级	3 级	4 级	5 级	6 级	
饲料玉米	—	100	376	0	0	0	0	476
其他	—	－209	－759	0	0	0	0	－968
	灌溉	－1 042	－3 953	0	0	0	0	－4 995
干草	—	0	0	－9	0	－1 218	0	－1 227
土豆	—	－47	－175	0	0	0	0	－222
	灌溉	2	7	0	0	0	0	9
苜蓿	—	0	17 247	－23 985	0	0	0	－6 738
小麦	深耕	1 044	－5 453	0	0	0	0	－4 409
	中耕	－229	0	－1 605	0	0	0	－1 834
	无	－325	429	－2 429	0	0	0	－2 325
大麦	深耕	－144	－2 394	0	0	0	0	－2 538
	中耕	－75	－1 257	0	0	0	0	－1 332
	无	－121	－1 795	0	0	0	0	－1 916
大豆	深耕	2 632	－9 545	0	0	0	0	－6 913
	中耕	1 379	－4 660	0	0	0	0	－3 281
	无	1 345	－7 406	0	370	0	0	－5 691
谷物玉米	深耕	－4 828	17 564	－9 930	0	0	0	2 806
	中耕	348	1 305	0	0	0	0	1 653
	无	195	731	0	0	0	0	926
能源作物 1（多年生草）	—	0	0	38 266	0	－1 282	2	36 986

续表

作物种类	耕作方式	土地等级						总计
		1级	2级	3级	4级	5级	6级	
能源作物2（杂交杨树）	—	0	0	0	0	2 520	0	2 520
总计		25	262	308	370	20	2	987

注："+"表示与基础情景相比增加；"—"表示与基础情景相比减少。

复合政策情景中，新增边际土地为392公顷，占总新增土地面积的39.6%；单一命令控制型政策情景中，新增边际土地仅为59公顷，占新增土地面积的9.1%。在同样的生物质能源生产目标下，复合型政策比单一命令控制型政策更容易导致土地的扩张，尤其是在边际土地上的扩张。

3. 新增边际土地

本章一共模拟了三大类（五种）不同政策情景下的农业土地利用变化情况。不同政策情景下新增边际土地的面积各不相同（表6-11）。在碳价和强制性能源生产目标共同作用的复合情景下，新增边际土地的面积最大，主要来

表6-11　不同政策情景下的新增边际土地（万 hm^2）

区域	政策情景				
	碳价（C$/t）			命令控制	碳价50+命令
	50	100	120		
BC	2.026	5.952	6.551	5.546	10.289
AB	0	0	6.273	0	20.077
SK	0	0	0	0	9.411
MB	0	0	0	0	6.225
ON	1.779	1.779	1.779	7.979	18.386
QU	0.078	0.078	0.078	16.102	16.102
NB	0.282	0.282	0.282	5.648	8.826
PEI	0.004	0.004	0.004	0.679	0.679
NS	0.481	0.481	0.481	0.481	0.981
CANADA	4.650	8.576	15.448	36.435	90.976

自边际草地和灌木林地。五种情景下，总的新增土地面积分别为 28.5，92.9，120.6，127.5，256.4 万公顷，其中新增边际土地分别占新增土地的 16.3%，9.23%，12.8%，28.5%，35.5%。

二、生物质能源生产

（一）生物质生产情况

2020 年，加拿大全国及各省在不同政策情景下的生物质生产情况列于表 6-12。当碳价为 120 C$/t 时，生物质产量达到了 4 839 万吨，比基础情景增加了 4 343 万吨；其中，36%的增量来自新增的能源草。图 6-3 显示了单一碳价、单一命令控制和复合情景下的生物质生产结构。在这三种政策情景中，复合政策情景的生物质产量最高。三种情景的生产分布情况较为相似，生物质主要来自能源草和谷物秸秆。能源树的供给量较低主要是由于较高的种植成本（329.55 C$/t）（CRAM 模型中假设能源树的收获周期为 20 年，非短期轮伐。因此，种植成本不同于 SCR 型能源树）。玉米秸秆供给量较低主要是由于加拿大西部地区基本不生产玉米，东部玉米生产量相对有限所致。

表 6-12 不同情景下加拿大全国及各省生物质生产情况（万 t）

省份	CRAM 区域	基础情景	政策情景				
			碳价（C$/ t）			命令控制	碳价 50 ＋命令
			50	100	120		
不列颠哥伦比亚省（BC）	能源草	1.380	25.179	41.537	42.597	78.181	87.560
	能源树	1.760	1.760	1.760	1.760	1.760	1.760
	谷物秸秆	—	—	4.259	4.351	2.517	—
	玉米秸秆	—	—	—	—	—	—
	总计	3.140	26.939	47.556	48.708	82.458	89.320
阿尔伯塔省（AB）	能源草	2.040	123.457	425.705	489.596	181.872	183.540
	能源树	2.700	77.650	421.692	507.061	170.976	178.958
	谷物秸秆	184.431	381.956	363.588	347.561	370.253	368.984
	玉米秸秆	—	—	—	—	—	—
	总计	189.171	583.063	1 210.985	1 344.218	723.101	731.482

续表

省份	CRAM区域	基础情景	政策情景				
			碳价（C$/t）			命令控制	碳价50+命令
			50	100	120		
萨斯卡彻温省（SK）	能源草	2.570	94.092	240.847	310.705	184.751	194.437
	能源树	3.100	31.095	116.131	122.912	124.772	138.013
	谷物秸秆	130.873	734.300	736.500	728.947	721.757	712.128
	玉米秸秆	—	—	—	—	—	—
	总计	136.543	859.487	1 093.478	1 162.564	1 031.280	1 044.578
曼尼托巴省（MB）	能源草	2.080	100.710	231.506	268.519	191.527	208.763
	能源树	3.600	3.600	10.552	97.965	17.292	22.742
	谷物秸秆	59.391	80.711	72.968	75.661	66.148	59.391
	玉米秸秆	—	—	—	—	—	—
	总计	65.071	185.021	315.026	442.145	274.967	290.896
安大略省（ON）	能源草	6.073	190.112	319.975	340.671	416.103	387.960
	能源树	6.210	6.210	374.879	482.442	133.775	105.855
	谷物秸秆	35.478	126.864	85.452	79.570	115.497	121.412
	玉米秸秆	—	438.096	455.963	444.772	446.161	494.653
	总计	47.761	761.282	1 236.269	1 347.455	1 111.536	1 109.88
魁北克省（QU）	能源草	5.840	95.628	115.829	123.304	265.038	237.628
	能源树	6.710	6.710	6.710	6.710	6.710	6.710
	谷物秸秆	21.270	21.869	21.270	21.270	21.270	21.270
	玉米秸秆	—	263.930	255.827	254.551	268.694	276.388
	总计	33.820	388.137	399.636	405.835	561.712	541.996
新不伦瑞克省（NB）	能源草	9.416	16.378	3.639	0.520	54.160	68.805
	能源树	0.600	0.600	25.120	32.960	26.833	37.560
	谷物秸秆	—	1.526	1.450	1.431	1.525	1.551
	玉米秸秆	—	—	—	—	—	—
	总计	10.016	18.504	30.209	34.911	82.518	107.916
爱德华王子岛省（PEI）	能源草	9.406	21.009	23.172	23.750	38.984	45.203
	能源树	0.600	0.600	0.600	0.600	0.600	0.600
	谷物秸秆	—	0.599	3.638	3.625	3.823	—
	玉米秸秆	—	—	—	—	—	—
	总计	10.006	22.208	27.410	27.975	43.407	45.803

续表

省份	CRAM区域	基础情景	政策情景				
			碳价（C$/t）			命令控制	碳价50+命令
			50	100	120		
新斯克舍省（NS）	能源草	0.560	0.560	5.866	3.837	44.614	51.347
	能源树	0.600	0.600	14.017	19.043	16.026	22.888
	谷物秸秆	—	1.181	0.715	0.621	1.349	1.313
	玉米秸秆	—	1.843	2.118	2.113	2.404	2.274
	总计	1.160	4.184	22.716	25.614	64.393	77.822
加拿大（CA）	能源草	39.365	667.125	1 408.076	1 603.499	1 455.230	1 465.243
	能源树	25.880	128.825	971.461	1 271.453	498.744	515.086
	谷物秸秆	431.443	1 349.006	1 289.840	1 263.037	1 304.139	1 286.049
	玉米秸秆	—	703.869	713.908	701.436	717.259	773.315
	总计	496.688	2 848.825	4 383.285	4 839.425	3 975.372	4 039.693

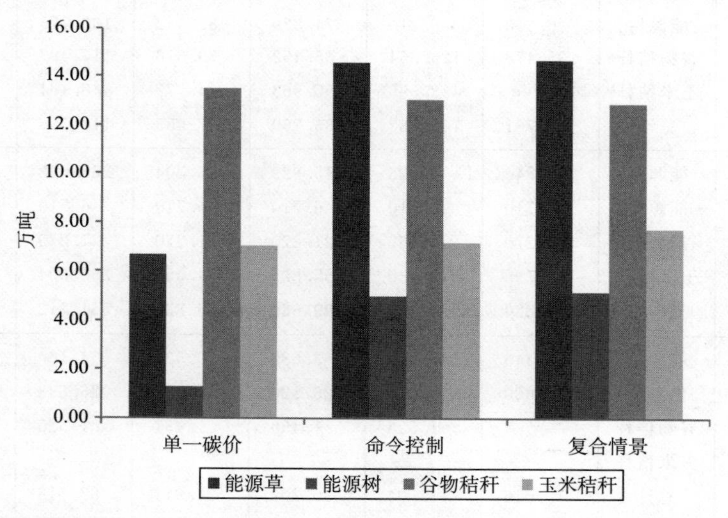

图 6-3　不同政策情景下生物质生产情况

（二）生物质能源生产情况

2020 年，在碳价 50 C$/t 的情景下，加拿大生物乙醇生产量为 66 亿升；生物质发电量达到 276 万亿瓦时。当设定能源生产目标时，在同样碳价水平下，乙醇生产量和生物质发电量均有所增加，分别达到 88 亿升和 334 万亿瓦时。图 6-4 显示了不同情景下生物质能源生产情况。由生物质能源生产差异可以看出，碳价对生物质替代传统能源煤进行发电，具有较强的驱动力。而当需要实现固定量生物燃料供给时，命令控制型政策（强制性目标）则更有效。

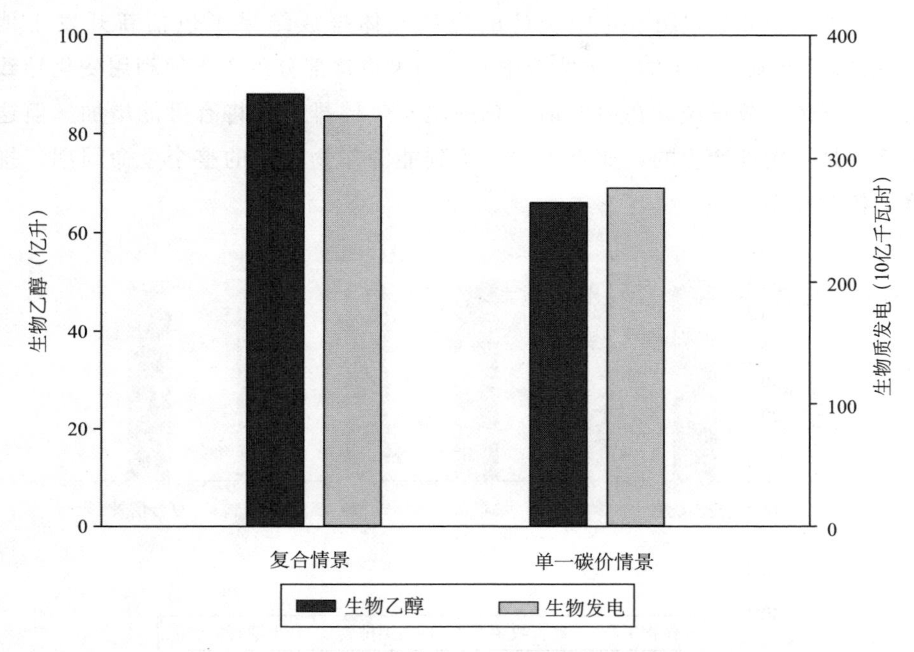

图 6-4 不同政策情景下生物质能源生产情况

三、温室气体排放与变化

不同政策情景下的温室气体排放情况如图 6-5 所示。2020 年基础情景的农业温室气体排放量是 48.44 百万吨 CO_2e，五种政策情景下的温室气体排放量均有所减少。碳价为 120 C$/t 的情景温室气体减排量最大，排放水平下降到 33.24 百万吨 CO_2e，减排主要来自能源作物生产导致土地利用变化增加的土壤碳汇。复合情景比单一碳价情景（50 C$/t）和单一命令控制情景的减排量大。

图 6-5 中所示的农业温室气体排放结果不包括生物质能源替代化石能源产生的减排效应。但实质上生物质能源对化石能源的替代所导致的减排量也是能源作物生产对温室气体排放量影响的一个重要方面。图 6-6 显示了两类不同政策情景下，利用生物质替代煤燃烧发电和生物乙醇替代汽油后温室气

体的减排情况。在这两类政策情景中，生物质发电的减排效果均优于生物乙醇替代汽油的减排效果，几乎所有的温室气体减排量均来自生物质发电。生物乙醇替代汽油的温室气体减排效果不显著。

另外，图 6-5 和图 6-6 中统计的温室气体排放结果不包括新开发土地（包括边际土地）产生的一次性碳排放，如果将这部分由于土地利用变化导致的温室气体排放量统计在内的话，总的温室气体排放量将有可能增加。但这种排放是一次性产生的，如果将它平均到能源作物生产的整个生命周期，排放量相对较小。

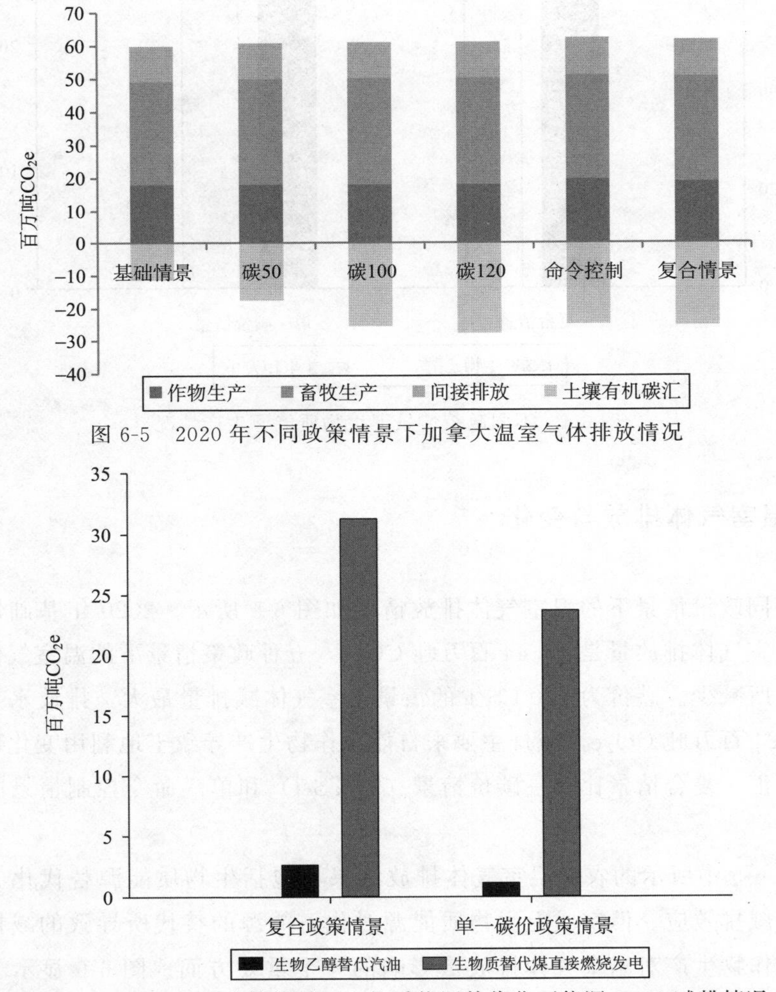

图 6-5　2020 年不同政策情景下加拿大温室气体排放情况

图 6-6　2020 年不同政策情景下生物质能源替代化石能源 GHG 减排情况

第四节　本章小结

本章从政策角度，对气候变化背景下区域发展能源作物及边际土地利用进行了综合分析。根据不同政策设计的理论基础和目标，设定未来气候变化背景下不同政策模拟情景（经济激励型、命令控制型和复合型）；利用构建的复合模型（CRAM＋LUAM＋GHGE）模拟不同政策对土地利用、生物质生产、能源供给以及温室气体排放的影响；以加拿大全国及安大略省南部区域为例进行综合模拟与分析。

温室气体减排政策或生物质能源政策主要包括基于市场的经济激励型政策（例如碳价）和基于政府管制的命令控制型政策（例如强制性生物质能源生产目标）。这两类政策的理论基础均是将外部成本内部化，以发展生物质能源和减少温室气体排放作为最终目标。案例研究中，首先研究单一经济激励型政策情景，设定碳价（二氧化碳当量）为每吨 50，100 和 120 加元，研究在单一碳价政策情景下区域土地利用与变化，生物质能源生产以及相应的温室气体排放情况；其次，再研究单一命令控制型政策（生物乙醇 20％、生物质发电 20％）和复合型政策（碳价 50 C$/t、生物乙醇 20％、生物质发电 20％）情景下的政策作用效果。政策模拟出的结果可以从土地利用与分配、生物质和生物质能源生产情况、温室气体排放情况这三个方面进行分析。

一、土地利用与分配

（1）在不同碳价情景下，2020 年加拿大全国粮食作物种植面积均呈现出不同程度的减小，能源作物种植面积均有所增加。随着碳价水平的增高，粮食作物种植面积呈下降趋势，能源作物种植面积呈上升趋势。将安大略省 CRAM 区域 2 作为区域土地利用分配研究对象，利用 LUAM 模拟作物在不同级别土地上的分配情况。结果表明，三种碳价情景下区域耕地面积与基础情景相比均增加了 196 公顷，新增土地来自草地的转化，包括较好的土地（85.4％）和边际土地（14.6％）。

（2）在单一命令控制政策情景下，加拿大全国耕地面积增加量（143.99万公顷）小于复合情景下的耕地面积增加量（266.37万公顷），粮食作物种植面积减少269.21万公顷，大于复合情景下的粮食作物种植减少的面积（161.14万公顷）。由此可见，当需要实现同样的生物质能源生产目标时，复合政策对粮食供给的影响小于单一型政策。此外，在同样的生物质能源生产目标下，复合型政策比单一型政策更容易导致土地的扩张，尤其是边际土地的扩张。

二、生物质和生物质能源生产情况

（1）在三种单一碳价情景下，碳价为120 C$/t时，生物质生产量最大达到了4 839万吨，比基础情景增加了4 343万吨。其中，36%的增量来自能源草。

（2）比较单一碳价、单一命令控制和复合型政策情景下生物质生产的结构。在这三种政策情景中，复合政策情景的生物质生产量最高。三种情景下的生物质生产结构较为相似，生物质生产主要来自能源草和谷物秸秆。

（3）2020年，在碳价为50 C$/t的情景下，加拿大生物乙醇生产量为66亿升；生物质发电量达到276万亿瓦时。在同样碳价水平的复合政策情景中，乙醇生产量和生物质发电量均有所增加，分别达到88亿升和334万亿瓦时。由生物质能源生产差异可以看出，碳价对生物质替代传统能源煤进行发电，具有较强的驱动力；而当需要保证生物燃料的供给时，命令控制型政策则更有效。

三、温室气体排放情况

2020年基础情景的农业温室气体排放量是48.44百万吨CO_2e。比较单一碳价（50 C$/t）、单一命令控制和复合型政策情景的温室气体排放量，分别比基础情景减少了5.15，11.04，11.98百万吨，复合政策的减排效果最显著。

第七章　中国利用边际土地开发生物质能源的前景

本书第三章至第六章已经对利用边际土地开发生物质能源的经济可行性、环境影响以及在不同政策情景下政策的驱动效果进行了论述，并以加拿大为研究对象进行了实证分析。虽然我国的国土面积与加拿大相当，但在经济发展水平、能源生产和消费结构、二氧化碳排放水平、人均耕地面积、政策制度等方面均存在差异，那么，在我国利用边际土地开发生物质能源是否具有可行性？前景如何？潜力有多大？这是本章将要探讨的内容。

第一节　加拿大与中国在能源结构、二氧化碳排放水平上的比较

一、能源结构

（一）能源生产结构

加拿大是一个物产资源丰富的国家，尤其是化石能源储量较高。因此，生物质能源生产比例相对较小。1971～2009 年，加拿大能源生产总量呈上升趋势，其中天然气产量增加最多，生物质能源生产总量总体上也略有增长。2007 年生物质能源所占比例骤然从 2006 年的 5%下降到 2.8%，这主要是由纸浆厂的热电停产以及锯木厂磨渣短缺所致。

2009 年加拿大能源生产总量为 389.8 百万吨油当量，仅 2.96%的能源生产来自生物质能源（图 7-1）。但根据加拿大未来 10～20 年的生物质能源发展项目规划和政策，生物质能源生产量将达到能源总产量的 6%～9%［具体项

目规划及政策见附录（一）]。

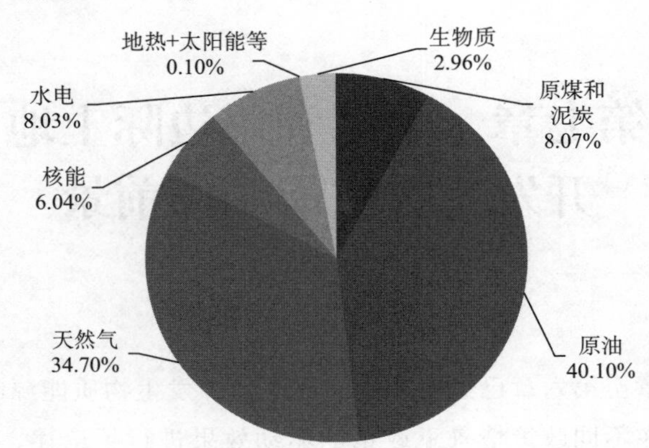

图 7-1 2009 年加拿大能源生产结构

资料来源：IEA，http://www.iea.org/stats/balancetable.asp?COUNTRY_CODE=CA。

我国能源生产结构与加拿大能源生产结构存在较大差异，两国资源禀赋完全不同。1971～2009 年，我国能源生产总量呈较快增长趋势。煤是最主要的生产能源，平均占能源总产量的 50%以上。生物质能源所占比例也相对较高。与此同时，我国生物质能源生产总量远高于加拿大，是它的 18 倍左右。2009 年，我国能源生产总量为 2 085 百万吨油当量，其中生物质能源生产总量达 204 百万吨油当量，占能源生产总量的 9.77%（图 7-2）。

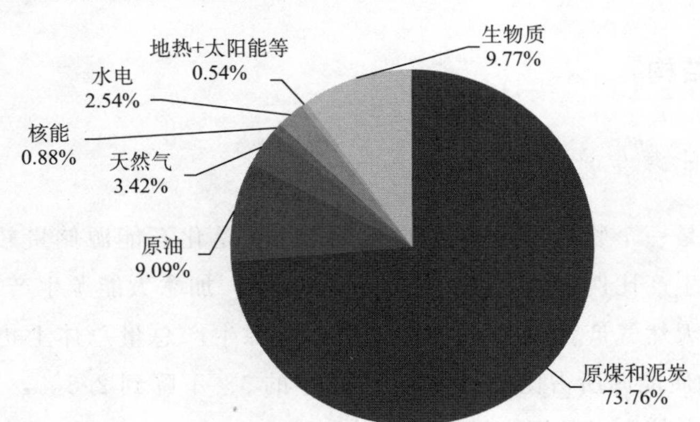

图 7-2 2009 年中国能源生产结构

资料来源：IEA，http://www.iea.org/stats/countryresults.asp?COUNTRY_CODE=CN&Submit=Submit。

（二）能源消费结构

2009年加拿大最终能源消费总量是174百万吨油当量，工业部门、运输部门和其他部门分别占比29.93%、31.75%和38.32%。其他部门主要包括农业、服务业和生活用能。从能源消费结构来看，生物燃料占能源消费总量的5.62%；工业部门的消费量远高于其他部门（图7-3）。

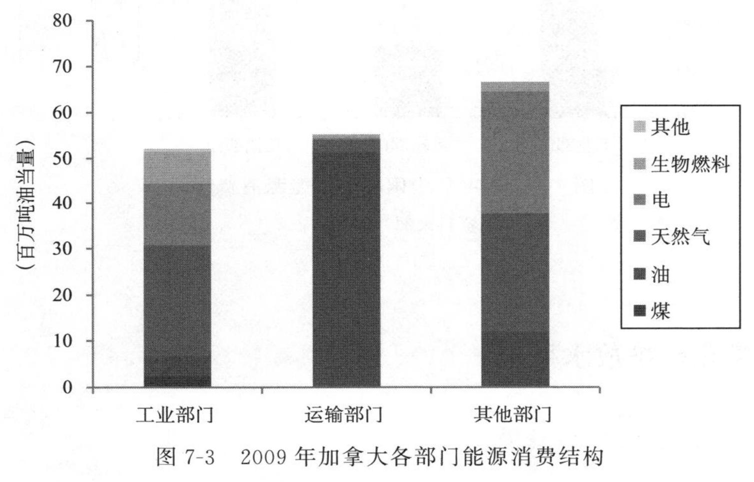

图7-3　2009年加拿大各部门能源消费结构

资料来源：同图7-1。

我国与加拿大相比，能源消费结构存在较大差异。2009年我国最终能源消费总量是1 317百万吨油当量，工业部门、运输部门和其他部门分别占比为51.63%、12.21%和36.16%。从能源消费结构来看，生物燃料占能源消费总量的15.36%；其他部门（主要是生活用能）的消费量远高于工业部门和运输部门（图7-4）。

从两国的能源消费结构差异可以看出，我国仍处于工业化发展的中期阶段，工业部门能耗占比超过50%；加拿大则处于工业发展的后期，工业能耗占比最小。虽然我国生物燃料能耗占比高于加拿大，但从结构上分析，加拿大生物燃料能耗主要发生在工业部门，我国生物燃料能耗占比主要来自生活用能，能源利用效率较低。

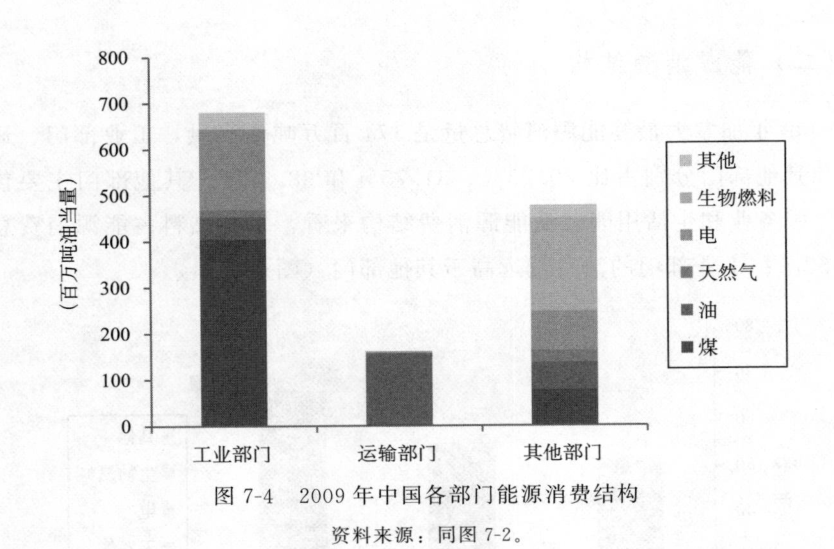

图 7-4　2009 年中国各部门能源消费结构

资料来源：同图 7-2。

二、二氧化碳排放水平

（一）二氧化碳排放总量

2011 年，国际能源署（IEA）发布了各国燃料燃烧产生的二氧化碳排放量统计数据。根据该统计数据（图 7-5），自 1971 年起的近 40 年，加拿大温室气体排放量相对稳定，这主要是由于加拿大经济发展速度相对稳定，同时，能源利用以天然气等二氧化碳排放系数相对较小的能源为主。中国二氧化碳排放量则呈现出显著上升的趋势，尤其是自 2001 年起增长速度较快，这主要是由中国工业化进程的加快和经济的快速发展以及中国的能源消耗结构还是以煤炭等重污染化石能源为主要消费能源的特点决定的。

（二）人均二氧化碳排放量

虽然中国二氧化碳排放总量远高于加拿大（约等于加拿大的 14 倍），但人均二氧化碳排放量远低于加拿大（约等于加拿大的 1/3）（图 7-6）。这主要是由加拿大人口稀少（约3 400万人口）所致。因此，由于受到人口数量、经济规模等国家客观条件限制，用二氧化碳排放总量和人均二氧化碳排放量来衡量比较两国的二氧化碳排放水平，比较结论存在较大差异。采用单位 GDP

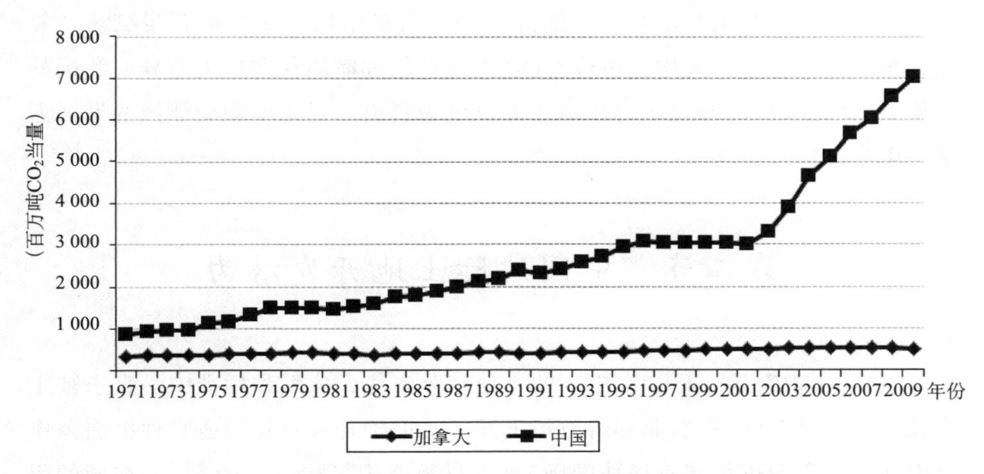

图 7-5　1971～2009 年加拿大和中国二氧化碳排放总量

资料来源：CO_2 Emissions from Fuel Combustion（2011 Edition），IEA，Paris。

二氧化碳排放量这一指标，可以综合考虑发展阶段、生活水平等因素，能较为准确地反映不同经济规模国家的二氧化碳排放水平，有利于各国进行比较和降低二氧化碳排放量。2009 年，中国单位 GDP 二氧化碳排放量约是加拿大单位 GDP 二氧化碳排量的 3.6 倍（图 7-6），因此，仍存在较大减排空间。

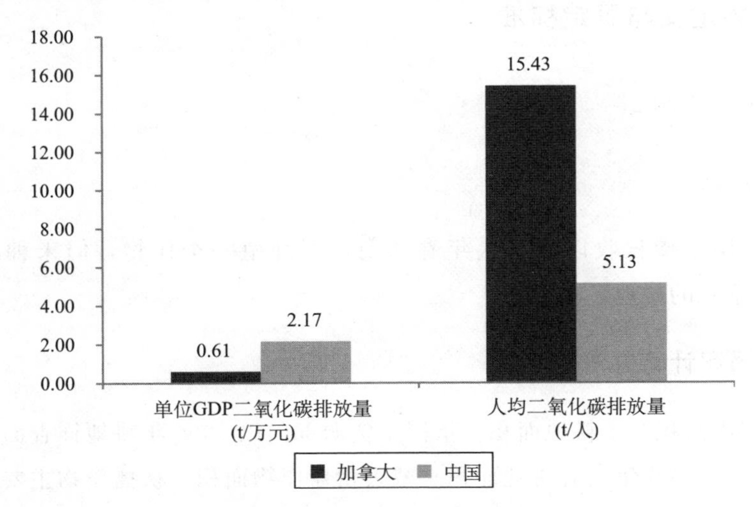

图 7-6　2009 年单位 GDP 和人均二氧化碳排放总量比较

资料来源：同图 7-5。

总而言之，我国与加拿大在能源生产和消费结构、能源资源禀赋、二氧化碳排放量（总量、人均、单位 GDP 排放量）方面均存在较大差异。我国的单位 GDP 二氧化碳减排压力相对较大也更为紧迫，对于生物质能源的发展需求也更为迫切。

第二节　中国边际土地开发潜力

“边际土地”这个概念在中国的土地划分法律、体系和标准中一直未被正式提及，直至 2007 年农业部科教司下发了《关于开展对我国适宜种植能源作物边际土地资源进行调查评估的函》（农科教能函〔2007〕10 号），在函的附件《生物质液体燃料专用能源作物边际土地资源调查与评价方案》中，官方首次明确给出宜能边际土地的定义、范围和评价标准。

在《生物质液体燃料专用能源作物边际土地资源调查与评价方案》中，宜能边际土地是指可用于种植能源作物的冬闲田和宜能荒地。冬闲田和宜能荒地的定义与界定标准如下所述（农业部科教司，2007）。

一、相关定义与界定标准

（一）冬闲田

1. 定义

冬闲田是指秋收以后至次年春播前，可种植一季作物，但未种植作物（包括牧草）的耕地。

2. 面积计算方法

冬闲田面积等于耕地面积（指国土资源部门以 1996 年耕地详查面积为基数调整后的 2006 年实有耕地面积）减去秋播作物面积。秋播作物主要包括小麦、油菜、绿肥、冬季牧草、露地蔬菜、温室大棚等。

能源作物可利用冬闲田面积是指在基本不影响春播的条件下可种植一季能源作物的冬闲田面积。以长江流域为例，可利用冬闲田是指冬闲时间至少可满足种植一季早熟油菜的冬闲田。

（二）宜能荒地

1. 定义

宜能荒地是指以发展生物液体燃料为目的，适宜于开垦种植能源作物的天然草地、疏林地、灌木林地和未利用地。按照《土地利用现状分类标准（GB/T 21010—2007）》，天然草地指以天然草本植物为主，用于放牧或割草的草地；疏林地指 0.1≤树木郁闭度＜0.2 的林地；灌木林地指灌木覆盖度≥40％的林地。

未利用地是指可供农业利用，但目前还未利用的荒草地、盐碱地、沙荒地、裸土地、滩涂等。荒草地是指树木郁闭度＜10％，表层为土质，生长杂草的土地。盐碱地是指土壤表层积聚过多盐碱成分，对农作物有害的土地，包括盐地、碱地、盐化土地、碱化土地。沙荒地是指表层为沙覆盖，基本无植被的土地。裸土地是指表层为土质，基本无植被覆盖的土地。滩涂是指沿海大潮高潮位与低潮位之间的潮浸地带；河流、湖泊常水位至洪水位间的滩地；时令湖、河洪水位以下的滩地；水库、坑塘的正常蓄水位与最大洪水位间的滩地。

2. 界定标准

宜能荒地界定标准如表 7-1 所示，但需排除以下土地类型：一是凡列入自然保护区、天然林保护区、水源林保护区、水土保持区、防护林区、野生动植物保护区等保护区的疏林地、灌木林地，无论其是否适宜于农业开发，皆不作为宜能荒地的统计范畴；二是凡划入防洪行洪区和湿地保护区的滩地，无论其是否适宜于农业开发，皆不作为宜能荒地的统计范畴。

3. 等级划分

依据土地生产的六大限制因素（表 7-2），对宜能荒地进行综合评定后划分为Ⅰ、Ⅱ、Ⅲ等。综合定级方法为：满足表 7-2 所有Ⅰ等地条件的宜能荒地为Ⅰ等宜能荒地；只要有一个条件为Ⅲ等，即为Ⅲ等宜能荒地；其他皆为Ⅱ等宜能荒地。

表 7-1　我国宜能荒地界定标准

指标体系			标准
1. 坡面坡度			＜25°
2. 土壤质地			非砂质和砾质土壤
3. 有效土层厚度	北方地区，包括黄淮海地区、东北区、黄土高原区、西北干旱区、青藏高原区		＞30cm
	南方区	华南区、四川盆地和长江中下游区	＞20cm
		云贵高原区	＞10cm
4. 土壤盐碱化			土壤含盐总量＜2%
5. 水分条件			有灌溉水源保证的土地或能发展旱作的干旱土地，作物生育期的降水量一般不低于160mm
6. 温度条件			耐寒作物能稳定生长

资料来源：农业部，2007。

Ⅰ等宜能荒地是指对农业利用无限制或少限制的宜能荒地。这类荒地地形平坦，土壤肥力较高，机耕条件好，不需改造或略加改造即可开垦种植能源作物，在正常耕作管理措施下，一般都能获得较好产量，且对当地或相邻地区不会产生土地退化等不良影响。

Ⅱ等宜能荒地是指对农业利用有一定限制的宜能荒地。这类荒地需加一定的改造才能开垦种植能源作物，或者需要一定的保护措施，以免产生土地退化。

Ⅲ等宜能荒地质量差，对农业利用有较大限制。这类荒地需加以措施，大力改造后才可种植能源作物，或在严格保护下才能耕作，否则容易发生土地退化。

二、开发潜力

中国的边际土地到底有多大的开发潜力？这是利用边际土地实践开展之前首先要回答的问题。依照上述对宜能边际土地的定义及界定标准，寇建平等（2008）发表了我国宜能边际土地的调查结果。研究表明，我国共有边际土地3 420万公顷，主要分布于长江以南的云南、湖南、四川、贵州、湖

表 7-2　宜能荒地分等级划分评定指标

评价指标		Ⅰ等	Ⅱ等	Ⅲ等	非宜能荒地
1. 坡面坡度（°）		<7	7～15	15～25	>25
2. 土层有效厚度（cm）	华南区、四川盆地和长江中下游区	>70	70～50	50～20	<20
	云贵高原区	>60	60～30	30～10	<10
	黄淮海区和东北区	>80	80～50	50～30	<30
	黄土高原区、内蒙古半干旱区和西北干旱区	>100	100～60	60～30	<30
	青藏高原区	>100	100～50	50～30	<30
3. 土质		壤土	黏土、砂壤土	重黏土、砂土	砂质土、砾质土
4. 土壤盐碱化	黄淮海区、东北区和黄土高原区	无盐碱化（土壤含盐总量＜0.3%，Cl^-＜0.02%，SO_4^{2-}<0.1%）	轻盐碱化（土壤含盐总量0.3%～0.5%，Cl^- 0.02%～0.04%，SO_4^{2-} 0.1%～0.3%）	中强度盐碱化（土壤含盐总量0.5%～2.0%，Cl^- 0.04%～0.20%，SO_4^{2-} 0.3%～0.6%）	盐土（土壤含盐总量>2.0%，Cl^->0.20%，SO_4^{2-}>0.6%）
	青藏高原区和西北干旱区	无盐碱化或轻盐碱化（土壤含盐总量＜0.5%，Cl^-＜0.04%，SO_4^{2-}<0.30%）	中度盐碱化（土壤含盐总量0.5%～1.0%，Cl^- 0.04%～0.10%，SO_4^{2-} 0.30%～0.40%）	强度盐碱化（土壤含盐总量1.0%～2.0%，Cl^- 0.10%～0.20%，SO_4^{2-} 0.40%～0.60%）	盐土（土壤含盐总量>2.0%，Cl^->0.20%，SO_4^{2-}>0.60%）

续表

评价指标		Ⅰ等	Ⅱ等	Ⅲ等	非宜能荒地
5. 水分条件		旱作较稳定或有稳定灌溉条件的干旱、半干旱土地，有水源保证的南方田土	灌溉水源保证差的干旱、半干旱土地，水源保证差的南方田土	无水源保证、旱作不稳定的半干旱土地，无水源保证的南方田土	无灌溉水源保证、不能旱作的干旱土地
6. 温度条件	华南区、四川盆地和长江中下游区	亚热带作物正常发育	亚热带作物生长受一定影响	亚热带作物生长受严重影响	亚热带作物不能生长
	云贵高原区	低海拔或中海拔地区	较高海拔地区，耐寒作物不稳定	高海拔地区，耐寒作物不稳定	高海拔地区，耐寒作物不能发育
	黄土高原区、西北干旱区和东北区	耐寒作物生育稳定	耐寒作物生育不稳定	耐寒作物很不稳定	—
	青藏高原区	—	≥10℃积温为700～1 400℃，耐寒作物稳定	≥10℃积温＜700℃，耐寒作物很不稳定	耐寒作物不能生长

资料来源：同表7-1。

表 7-3 我国边际土地开发潜力的相关研究结果

研究者	研究机构	研究对象	研究方法	研究结果
王芳等（2015）	广州大学地理科学学院；广东省城市化与地理环境空间模拟重点实验室；中山大学地理科学与规划学院综合地理信息研究中心；中国热带农业科学院广州实验站；苏州科技大学城市与环境学系	适宜麻疯树、油桐、黄连木、木薯种植的广东省边际土地	建立了边际土地开发非线性生态位适宜度评价模型，该模型引入了专家知识，利用高斯曲线去拟合边际土地利用的现实生态位与能源植物种植需求生态位的匹配关系，利用最佳生态位值及限制性生态因子，以贴近度作为适宜性划分的标准测度各评价单元的生态位适宜度指数，来界定能源作物的边际土地的种植潜力	广东省适合四种能源植物的边际土地为62.15万 hm^2，占总边际土地面积的58.44%。麻疯树和黄连木两种植物生态适宜度最高，并且具有相似的生态位，在空间上存在竞争关系；其次是油桐树；木薯在四种能源植物中高适宜度范围最小，主要适合种植在粤西台地平原和粤东滨海丘陵台地地区
谢光辉等（2014）	中国农业大学农学与生物技术学院；中国农业大学资源与环境学院；中国大唐集团新能源股份有限公司；河南天冠企业集团有限公司；国家能源非粮生物质原料研发中心	撂荒耕地	将不同报道的20个地点显性撂荒耕地占耕地面积比例的平均值作为估算全国撂荒地的比例	全国显性撂荒地达1 485万 hm^2。以《中国统计年鉴2013》公布的2008年耕地面积，按复种指数比20世纪90年代下降28%计算，撂荒总面积高达3 408万 hm^2
江东等（Jiang *et al.*，2014）	中国科学院地理科学与资源研究所	全国范围内适宜种植能源作物的边际土地	基于1990～2010年土地利用数据及其他辅助数据，运用多因素综合评价方法识别出适宜种植能源作物的边际土地	研究结果表明，1990～2010年，可用于种植能源作物的边际土地面积由13 620.1万 hm^2 减少到11 422.5万 hm^2，减少的土地利用类型主要是灌木林地、疏林地和草地，减少的边际土地主要分布在广西、西藏、黑龙江、新疆和内蒙古

续表

研究者	研究机构	研究对象	研究方法	研究结果
欧阳益兰等（2013）	湖南农业大学资源与环境学院	适宜发展象草的边际土地	基于2000年土地利用数据、DEM数据、气象数据、土壤数据等，根据各种能源作物生长所需的温度、水分、坡度和土壤等环境需求，采用多因子综合评价法	在边际土地中非常适宜和基本适宜的土地利用总量为12 561.23万hm^2，非常适宜种植象草的边际土地面积为1 596万hm^2，基本适宜的土地面积为10 964.43万hm^2
王小兰等（2013）	中国科学院水利部山地灾害与环境研究所；中国科学院大学；四川省农业科学院；西南交通大学	四川省适宜种植油桐的边际土地	通过分析油桐生长对自然因素的要求，借助GIS空间分析和多因子综合分析法建立油桐种植潜力评价模型；然后基于气象观测、土壤调查与遥感数据，以四川省边际土地为评价范围，对其进行评估	四川省适宜、较适宜油桐种植的边际土地资源分别为46.14万hm^2和64.12万hm^2，主要分布在川东低山丘陵地区，其中疏林地和灌木林地为主要的潜在种植土地类型。若按60%的垦殖指数计算，四川省适宜和较适宜油桐种植的边际土地能够满足年产量为212万t的生物柴油的原料需求
尹芳等（2012）	长安大学地球科学与资源学院；华东师范大学地理信息科学教育部重点实验室；中国科学院地理科学与资源研究所	西南五省适宜麻疯树种植的边际土地	利用多因子综合分析法对麻疯树适宜种植的边际土地资源进行识别及适宜性评价，获得麻疯树适宜种植的边际土地资源空间分布、适宜性等级和总量	西南五省适宜与较适宜麻疯树发展的土地资源分别为199.45万hm^2和557.28万hm^2；如果这些土地资源全部被利用，则该区麻疯树生物柴油净能量年最大总生产潜力为15 099.194万GJ

续表

研究者	研究机构	研究对象	研究方法	研究结果
庄大方等（Zhuang *et al.*，2011）	中国科学院地理科学与资源研究所	全国适宜种植黄连木、木薯、麻疯树、油桐、菊芋等典型能源作物的边际土地	运用地理信息系统和最新获取的数据，采用多因素分析方法识别中国适宜发展生物质能源的边际土地	研究结果表明我国总的可用于大尺度种植能源作物的边际土地面积为 4 375 万 hm^2，如果将其中 10%用于种植能源作物，最终可生产出 1 339 万 t 生物燃料
何蒲明、黎东升（2011）	长江大学经济学院；湖北农村发展中心	宜能边际土地	根据国土资源部及国家林业局发布的我国后备性土地数据，按其中 78%适宜利用的比例计算	可供种植能源作物的边际性土地面积为 11 608 万 hm^2，经过综合产能评估，年总产能潜力为 4.15 亿 t 标煤
张文龙、郭阳耀（2010）	中国科学院青岛生物能源与过程研究所；中国科学院研究生院	山东省适宜种植甜高粱的非粮土地	从山东省自然环境特征和甜高粱生理生态等特点出发，依据相关资料和专家经验，遵循主导因素、差异性和稳定性等原则，选取评价指标，采用网格法划分评价单元，以 ArcGIS9.2、SPSS 等为主要数据处理工具，对山东省甜高粱非粮适宜种植区进行评价	山东省适宜甜高粱种植的非粮土地面积为 403.042 339 万 hm^2，其中高度适宜区约占总适宜区域的 21.0%，主要分布在山东省南部。如果将这些适宜区域的一半来种植甜高粱，以每公顷产乙醇 3t 计算，可获得生物乙醇 604.563 4 万 t，相当于 2007 年山东省汽油消费的总量

续表

研究者	研究机构	研究对象	研究方法	研究结果
王芳等(2009)	广州大学地理科学学院；广州发展研究院；中山大学地理科学与规划学院	广东省宜能边际土地	利用 TM/ETM 遥感影像，通过遥感监督分类和目视人工解译提取疏林地、灌木林地、天然草地和未利用地等边际土地；然后选取影响能源作物种植的边际土地的自身性状和整理难易程度等五类因素建立指标体系，利用熵权模糊综合评判模型，把广东省宜能边际土地开发潜力分成高、中、低和极低四个级别	广东省共有适宜能源种植的边际土地 105.34 万 hm^2。其中，高开发潜力的边际土地 41.51 万 hm^2，占边际土地总量的 41.08%；中开发潜力的边际土地 36.76 万 hm^2，占 36.38%；低开发潜力的边际土地 17.40 万 hm^2，占 17.22%；极低开发潜力的边际土地 9.67 万 hm^2，占 9.57%
米尔布兰特和奥弗伦(Milbrandt and Overend，2009)	美国国家可再生能源实验室	APEC 国家可在边际土地上产出的生物质资源	运用地理信息系统，结合全球农业生态系统数据，识别边际土地，同时剔除沙漠、极寒地带、自然保护区等区域，获得可利用边际土地面积	中国边际土地面积为 511 905 万 hm^2，占国土总面积的 5.4%
寇建平等(2008)	农业部科技教育司能源生态处；中国农业科学院农业资源与农业区划研究所；农业部规划设计研究院	全国范围内宜能荒地资源	根据 1 835 个县（市、区）的宜能荒地资源调查数据进行统计	调查表明，我国共有各类宜能边际土地 3 420 万 hm^2，其中：宜能冬闲田约 740 万 hm^2，主要分布于长江以南的云南、湖南、四川、贵州、湖北、江西、广东等地区；全国宜能荒地约 2 680 万 hm^2。在宜能荒地中，Ⅰ等宜能荒地 433.33 万 hm^2，占 16.2%；Ⅱ等宜能荒地 873.33 万 hm^2，占 32.6%；Ⅲ等宜能荒地 1 373.33 万 hm^2，占 51.2%

续表

研究者	研究机构	研究对象	研究方法	研究结果
袁展汽等(2008)	江西省农科院土壤肥料资源环境研究所	江西省宜能边际土地	按照农业部《生物质液体燃料专用能源作物边际土地资源调查评价方案》中的评价标准和方法，采取面上调查与资料调研相结合，基层填报与专家审核、分等定级相结合的方法	江西省宜能边际土地面积 131.2 万 hm^2，其中冬闲田面积 79.1 万 hm^2，宜能荒地面积 52.1 万 hm^2。其中：Ⅰ等宜能荒地 9.5 万 hm^2，Ⅱ等 17.2 万 hm^2，Ⅲ等 25.4 万 hm^2
张泽恩等(2008)	云南农业大学水利水电与建筑学院	云南省生物质能可利用土地资源	采用了以定性为基础的等级法和以定量为基础的参数法	云南省可用作生物质能发展的后备土地资源面积为 76.63 万 hm^2
严良政等(2008)	中国农业大学资源与环境学院	全国宜耕边际土地资源	采用 1996 年土地资源综合普查数据中的地类比例对 2002 年的宜耕边际性土地资源数量进行推算；再根据温明炬等人在《中国耕地后备资源》的研究结果及其确定的集中连片标准，计算得出具备规模化开发潜力的、适合中国生物乙醇植物种植的宜耕边际性土地面积	2002 年中国宜耕边际性土地资源的数量约为 2 408 万 hm^2；适合中国生物乙醇植物种植的宜耕边际性土地面积为 700.16 万 hm^2

北、江西、广东等地区。全国宜能边际土地约 2 680 万公顷，Ⅰ等宜能荒地 433.33 万公顷，占 16.2%；Ⅱ等宜能荒地 873.33 万公顷，占 32.6%；Ⅲ等宜能荒地 1 373.33 万公顷，占 51.2%。如果将宜能边际土地的 60%用于种植能源作物，可满足年产量约 4 542 万吨生物液体燃料的原料需求，完全可以实现我国到 2020 年的生物燃料生产规划目标。

此外，其他很多不同机构的学者也对我国或国内某个区域的边际土地开发潜力进行了研究，得到的结果存在一定的差异，这主要取决于研究者选取的边际土地界定标准、识别方法、评价对象等要素。我国边际土地的识别方法和评价体系已经形成了一套较完备的体系，主要通过地理信息系统等技术手段，依据边际土地的判定标准体系，结合能源作物的生长所需条件，采用多因子综合分析等方法识别出潜在可利用的边际土地范围和面积。表 7-3 总结了各类相关研究结果。

根据政府、专家、学者所开展的调查和研究结果，我国边际土地的面积为 1 485～12 561 万公顷，主要分布于云南、四川等西南省份。即使按照目前已有研究估测出的边际土地面积的最小数值 1 485 万公顷，按 60%的垦殖指数，以每公顷产乙醇 3 吨计算，可获得生物乙醇 2 673 万吨，完全可以满足 2020 年生物乙醇利用量达到 1 000 万吨的规划需求。由此可见，我国可用于生物质能开发的边际土地具有较大发展潜力。

第三节　中国开发边际土地发展生物质能源的经济性

中国地域辽阔，土壤和气候多样性较高，适宜种植在边际土地上的能源作物种类较为丰富，例如柳枝稷、芒草、木薯、甘蔗、甜高粱等一系列能源作物。已有很多研究对各类能源作物的生态适宜性展开了试验和探索，但对于生产经济可行性的研究相对较少。实质上，在边际土地上种植能源作物能够获得相应的经济价值是驱动农户行为的主要因素。因此，有必要在这一领域开展成本效益分析等研究。

一、能源作物的经济效益

（一）木薯

木薯（*Manihot esculenta crantz*）是灌木状多年生作物。木薯于19世纪20年代引入中国，首先在广东省高州一带栽培，随后引入海南岛，现已广泛分布于华南地区，以广西、广东和海南栽培最多，福建、云南、江西、四川和贵州等省的南部地区亦有引种试种。木薯适应性强，耐旱耐瘠。在年平均温度18摄氏度以上，无霜期8个月以上的地区，山地、平原均可种植；降水量600～6 000毫米，热带、亚热带海拔2 000米以下，土壤pH3.8～8.0的地方都能生长。

木薯作为一种能源作物，用于生产燃料乙醇已被广泛讨论。表7-4总结了木薯种植经济效益的相关研究成果。从已有研究可知，以木薯为原料生产

表7-4　木薯燃料乙醇经济效益的相关研究结果

研究者	研究机构	研究结果
胡志远等（2003）	上海交通大学机械与动力工程学院	木薯乙醇—汽油混合燃料生命周期成本高于汽油，需要政府的补贴支持
胡志远等（2004）	上海交通大学机械与动力工程学院	2003年木薯乙醇汽油的价格将比普通汽油高0.09元/升，当政府补贴0.09元/升时，木薯乙醇汽油的价格将与普通汽油相同，消费者将可能接受这种燃料。推广木薯乙醇汽油可使农民等相关各方得到收益，同时在木薯乙醇生产厂创造新的就业岗位
周祖鹏、秦连城（2004）	桂林电子工业学院机电与交通工程系	在木薯生产成本中，化学品的成本占鲜木薯成本的49%，减少肥料消耗有利于降低成本。将化肥厂设在木薯种植地附近以减少运费也有利于降低成本。此外，还应充分利用乙醇厂生产乙醇后剩余的残渣做肥料，做到综合利用，这样也可以降低成本。发展广西的木薯乙醇项目，使E10燃料与汽油具有相同的市场竞争力需要政府的扶持

续表

研究者	研究机构	研究结果
黄洁等（2006）	中国热带农业科学院热带作物品种资源研究所；中国农业大学生物质工程中心	2005年木薯燃料乙醇的生产成本为3 000元/t，纯收入可达1 400元/t。经济效益高于甘蔗和玉米燃料乙醇
王文泉等（2006）	中国热带农业科学院热带生物技术研究所热带作物生物技术国家重点实验室；中国热带农业科学院热带作物品种资源研究所	低能耗高效率设备可以降低木薯原料的加工成本，生产木薯乙醇的加工成本仅600～700元/t，低于普通乙醇企业加工成本
庄新姝等（2009）	中国科学院广州能源研究所；中国科学研究院可再生能源与天然气水合物重点实验室	木薯燃料乙醇的最低生产成本为2 700元/t，低于甜高粱、玉米和纤维素类燃料乙醇的生产成本
杨昆、黄季焜（2009）	中国科学院农业政策研究中心；中国科学院地理科学与资源研究所；中国科学院研究生院	在2007年市场价格水平下，木薯燃料乙醇的生产成本仍高达4 764元/g，如果不享受政府补贴，生产每吨木薯燃料乙醇将亏损1 296元（农业部规划设计研究院，2008）
方佳等（2010）	中国热带农业科学院科技信息研究所	鲜木薯乙醇生产成本为3 600元/t，盈利额为900元/t；木薯干片乙醇生产成本为3 820元/t，盈利额为680元/t。经济效益优于玉米、小麦、马铃薯和红薯等作物为原料生产的乙醇
冯献（2011）	中国农业科学院农业经济与发展研究所	鲜木薯燃料乙醇的成本为4 638.4元/t，木薯干片燃料乙醇的成本为5 200.4元/t
张玉兰（2011）	南京航空航天大学经济与管理学院	木薯燃料乙醇净生产成本为每吨5 053.83元，行业当前投入产出比为0.9

乙醇的成本低于以玉米、小麦等粮食作物为原料生产的乙醇，具有一定的经济比较优势，但一定价格水平下，木薯乙醇—汽油混合燃料生命周期成本高于汽油，在燃油市场上竞争力相对较弱，需要政府补贴支持发展。

（二）甘蔗

甘蔗（*Saccharum officinarum*），多年生高大实心草本，根状茎粗壮发达，秆高3～6米。中国台湾、福建、广东、海南、广西、四川、云南等南方热带地区广泛种植。我国南方九省（区）适宜种植甘蔗的土地面积大于200

万公顷。甘蔗适应性广，抗逆性强，耐连作，适应山坡地、沙洲地和盐碱地等边际土地，我国蔗区80%为红壤土坡旱地。在世界已有的糖质和淀粉质燃料乙醇原料中，甘蔗是唯一的多年生草本C4作物，生物产量高。

甘蔗作为原料用于生产燃料乙醇，已在我国被广泛研究和讨论。表7-5列举了有关甘蔗燃料乙醇经济性方面的研究。已有研究结果表明，甘蔗作为原料转化为乙醇的成本较低，明显低于玉米、小麦、甜菜等作物转化为乙醇的成本。同时甘蔗转化为乙醇产生的副产品，也能够产生较高的经济价值。

表7-5　甘蔗燃料乙醇经济效益的相关研究结果

研究者	研究机构	研究结果
李奇伟等（2004）	广州甘蔗糖业研究所	能源甘蔗生产乙醇的单位成本为2 837.3元/t，低于玉米生产乙醇和木薯生产乙醇的单位成本
曾麟等（2006）	清华大学公共管理学院；广州甘蔗糖业研究所	广东中能酒精有限公司生产无水乙醇的成本总计约为3 000元/t（不含税），相对汽油的生产成本（4 000元/t左右，不含税）有相当的竞争力。此外，与其他可产乙醇作物相比，甘蔗也具有一定的经济优势
吴松海等（2006）	福建省农业科学院甘蔗研究所	每吨乙醇消耗的甘蔗成本仅为2 400元，除了木薯的成本与甘蔗相当外，其他作物的成本都是在3 000元以上
李杨瑞等（2006）	广西农业科学院	以甘蔗为原料生产燃料乙醇每吨的成本为2 751.08元，以甘蔗为原料每吨燃料乙醇所产生的副产物收入共601.42元
张跃彬（2007）	云南省农业科学院甘蔗研究所	按吨蔗价180元计算，甘蔗生产乙醇的原料成本为2 921元/t，低于稻米、小麦、玉米和木薯
李君（2009）	福建农林大学	2007年甘蔗燃料乙醇生产成本为4 875元/t。每生产1吨乙醇所需的原料成本，甘蔗低于甜菜、玉米和小麦，与木薯成本相当

（三）甜高粱

甜高粱（*Sorghum bicolor L. Moench*）是禾本科高粱属粒用高粱的变

种。甜高粱喜温暖，具有抗旱、耐涝、耐盐碱等特性，在全球大多数半干旱地区都可以生长。对生长的环境条件要求不太严格，对土壤的适应能力强，特别是对盐碱的忍耐力比玉米还强，在 pH 5.0～8.5 的土壤上甜高粱都能生长。甜高粱是高能作物，其光合转化率高达 18%～28%。

甜高粱作为非粮乙醇原料，具有广阔的发展潜力。已有研究对于甜高粱转化为燃料乙醇的经济效益进行了探讨，表 7-6 列举了相关研究成果。已有研究结果表明，企业投资甜高粱乙醇生产项目能够获得较高的经济收益，农户种植甜高粱的收入高于种植玉米、棉花等其他作物。

表 7-6　甜高粱燃料乙醇经济效益的相关研究结果

研究者	研究机构	研究结果
黎大爵(2004)	中国科学院植物研究所	2 333hm^2 甜高粱可生产乙醇 1 309 亿 L，产值约 4 000 亿元，种植及加工成本按 450 元/667m^2（亩）计算，利润可达 2 425 亿元，比种植玉米生产乙醇的收入高了 1 620 亿元
王锋等(2006)	中国科学院过程工程研究所生化工程国家重点实验室	以甜高粱茎秆汁液为原料生产燃料乙醇，在经济上具有较大的优势，其成本基本可以控制在 3 000 元/t 左右，按目前每吨 95%的乙醇 4 400～4 500 元计算，每吨 95%的乙醇可获得 1 400 元左右的经济效益
郭颖等(2008)	清华大学化学工程系生态工业研究中心	生产粗乙醇 8.33 万 t，成本为 15 775 万元，利税 5 580 万元；生产精乙醇 5 万 t，成本为 18 865 万元，利税 6 135 万元
翁炫伟等(2008)	中国农业大学水利与土木工程学院；北京化工大学环境工程系；中国农业大学经济管理学院；中国农业大学资源与环境学院	农户在旱地种植甜高粱的收益比种植大豆和玉米的收益高很多，达到 8 060 元/hm^2，企业投资高粱制燃料乙醇项目，年净收益可达 1 510万元左右，投资回报率 15.11%，投资回收期为 7 年
王亚静、毕于运(2008)	中国农业科学院农业资源与区划研究所	种植甜高粱每公顷效益达 6 840 元，比小麦 2 925元、玉米 5 340 元、棉花 5 730 元的净收入分别高出 133.8%、28.1%和 19.4%
高慧等(2010)	清华大学化学工程系	在系统生产甜高粱乙醇不考虑对副产品进行处置和利用的情景下，四个不同区域（黑龙江东部、新疆中部、山东北部、海南）的资金总投入分别为 3 545 元/t、2 714 元/t、3 138元/t、2 657 元/t

续表

研究者	研究机构	研究结果
徐增让等(2010)	中国科学院地理科学与资源研究所	甜高粱茎秆汁液发酵加纤维物质水解生产乙醇比玉米制乙醇的能效高（分别为 1.1%和 0.8%），生产成本显著低于玉米乙醇
魏玉清等(2010)	北方民族大学生物科学与工程学院	农民在盐碱地上种植甜高粱的净收入可达 8 250元/hm^2，远高于玉米和小麦
梅晓岩等(2011)	上海交通大学农业与生物学院生物质能工程研究中心	对建立在中国山东省威海市的甜高粱茎秆固态发酵制燃料乙醇项目进行技术经济评价，成本效益分析表明，无水乙醇的生产成本为 5 033.8元/t，当社会折现率取 10%时，项目的净现值为 281.75 万元，内部收益率为 16.05%；益本比为 0.953，动态投资回收期为 9～10 年，项目具有一定的获利能力
韩立朴等(2012)	中国科学院遗传与发育生物学研究所/农业资源研究中心；中国科学院大学；中国农业大学国家能源非粮生物质原料研发中心	只用茎秆生产 1t 无水乙醇的原料生产成本约为 1 882.4 元，无水乙醇的价格约为 4 000～6 000元，原料占销售收入的 1/3～1/2；而综合利用茎秆、叶片和籽粒后，生产无水乙醇需要原料成本为 956.8 元，原料占销售收入的 1/6～1/4
姜慧等(2012)	沈阳师范大学	利用甜高粱生产乙醇每升需秸秆 12kg，原料费仅为 3 元；利用玉米则需 4.5 元
刘惠惠(2015)	中国农业大学	劳动力数量和价格等因素造成了甜高粱生产投入上的差异，从而导致了不同地区种植甜高粱获得经济效益的差异

（四）麻疯树

麻疯树（*Jatropha carcas L.*）为大戟科麻疯树属植物，是一种多年生木本油料植物。麻疯树为喜光阳性植物，根系粗壮发达，具有很强的耐干旱耐瘠薄能力，对土壤条件要求不严，生长迅速，抗病虫害，适宜中国北纬 31 度以南（即秦岭淮河以南地区）种植。原产美洲热带，现广布于全球热带地区。我国福建、台湾、广东、海南、广西、贵州、四川、云南等省区有栽培或少量逸为野生。

麻疯树作为一种能源植物，其种子含油率高，油酸和亚油酸含量都高达 70%以上，是理想的生物柴油原料。麻疯树与黄连木、光皮树等非食用油料植物相比，具有产量高、生长环境适应性强等特点。麻疯树作为原料生产生物柴油的成本约 5 000 元/吨，生产成本较高，其产业发展需要政府的扶持。已有研究对于麻疯树用于生产生物柴油的经济效益进行了探讨，表 7-7 列举了相关研究成果。已有研究结果表明，以麻疯树作为原料生产生物质能源的生产成本较高，在没有补贴等政策支持的情况下，难以获得正的经济效益。

表 7-7 麻疯树生物柴油经济效益的相关研究结果

研究者	研究机构	研究结果
潘标志等（2006）	福建省林业科学技术推广总站；泉州市林业局；福建省林业科学研究院	如一户林农利用荒山、荒地种植 2 hm^2 麻疯树，1 个劳动力每年收入可达 2 万元。在麻疯树果实采集、运输、加工等环节均可有效吸纳农村劳力，调整农村经济产业结构，增加林农收入水平
罗昌轶、张江平（2007）	攀枝花市科技发展战略研究所	目前麻疯树农业比较效益还比较低，与传统的经济作物种植相比还不具有比较优势。为保证麻疯树农业比较效益略高于种植小麦等传统经济作物，最低的补贴额度应在 600 元左右
朱祺（2010）	上海交通大学	单位麻疯树籽油制生物柴油产品的成本在 5 632 元/t 与 6 809 元/t 之间变动
邢爱华等（2010）	清华大学化学工程系，绿色反应工程与工艺北京市重点实验室；中国神华煤制油化工有限公司北京研究院	以麻疯树为原料生产生物柴油的成本为 4 939 元/t，其中原料种植或收购成本占总成本的 76%；收集运输占总成本的 1.78%；榨油占总成本的 2.37%；扣除原料油费用的生产成本占总成本的 18%；配送成本占总成本的 1.96%
吴伟光、黄季焜（2010）	浙江农林大学经济管理学院；中国科学院农业政策研究中心；中国科学院地理科学与资源研究所	如果仅考虑经济收益（不考虑生态收益），在适宜和较适宜土地上种植麻疯树，经济上是不可行的。虽然麻疯树进入成熟期后（树龄≥6 年），每公顷年均利润水平分别达到 233 元和 128 元，但从整个生命周期来看，每公顷累计利润总额为－1 027 元和－2 855 元
王赞信、卢英（2011）	云南大学发展研究院	假定麻疯树种子生产者和加工者的利润率 10%，在当前的种子产量水平下，麻疯树生物燃料的工业化发展离不开政府的激励政策，需要为麻疯树种子生产者提供每年至少 881.7 元/hm^2 以上的补贴

二、边际土地上种植能源作物的经济可行性讨论

以能源作物为原料生产生物质能源可以缓解以粮食为原料生产生物质能源造成的粮食供给短缺。但如果将能源作物种植在原有种植粮食作物的土地上，会出现粮油争地的矛盾。因此，将耐受范围广的能源作物种植在边际土地上，才是既可以提供生物质能源又可以不影响粮食作物生产的有效途径。但理论上的可行性并不代表实践的可行性。农户的种植意愿对于推广利用边际土地发展生物质能源具有决定性的作用，而农户的种植意愿往往取决于其可获得的经济收益。因此，需要探讨在边际土地上种植能源作物的经济可行性，从而为相关政策制定提供参考依据。已有研究表明（表 7-8），在边际土地上种植能源作物具有一定的经济可行性，但需要综合考虑边际土地与能源作物的适宜匹配性、边际土地破碎化程度、交通运输半径等因素。我国边际土地的分布范围较广、可利用面积较大、能源作物种类较多，因此需要因地制宜，在分析能源作物在不同级别边际土地上的适宜程度之后，运用作物模型结合试验数据测算能源作物在不同级别边际土地上的产量，然后再结合种植成本、收割成本、运输成本、储藏成本等成本构成以及市场销售价格等要素，测算出边际土地上种植能源作物的经济可行性。

表 7-8　有关在边际土地上种植能源作物经济可行性的探讨

研究者	研究机构	有关研究内容和结论
周淑景（2008）	东北财经大学经济与社会发展研究院	以广泛分布在中国长江流域及其以南地区、适宜该地区低山丘陵坡地和农村“四旁”土地、城市建成区绿化用地种植的油桐与乌桕为例，零星种植的油桐和乌桕进入盛果期的年均单株籽粒产量一般可达 25～30kg，大树可超过 50kg；集中连片种植的油桐、乌桕林地，盛果期平均每公顷的年籽粒产量一般为 11 250～13 500kg，可生产相当于 23～28 桶普通柴油的生物柴油，高产林地的年籽粒产量每公顷可达 1.5 万～1.8 万 kg，生产31～37 桶代用柴油。油桐和乌桕的籽粒售价按每千克 1.2 元人民币计算，加上木材蓄积形成的产值收入，规模化种植的油桐和乌桕年均每公顷土地的产值收入可达 1.95 万～2.25 万元，扣除物质费用后的农业纯收入年均每公顷约 1.75 万～2.05 万元，远高于一般大宗农作物种植的经济收入

续表

研究者	研究机构	有关研究内容和结论
张文龙（2010）	中国科学院青岛生物能源与过程研究所	对在边际土地上种植能源作物进行了经济因素决策分析，其中特别强调运输成本是影响能源作物后续利用和发展的关键因素。道路通达性则是发展策略中需要考虑的重要环节
袁展汽等（2010）	江西省农科院土壤肥料与资源环境研究所	研究表明，在土壤肥力较低的红壤旱坡边际土地上种植木薯，获得鲜薯产量一般为 30 t/hm^{2}左右，在非边际土地（肥水条件好）上种植产量可达 45 t/hm^{2}以上。虽然在边际土地上的产量低于在非边际农地上的产量，但仍然可以取得净经济收益。例如，以木薯为加工原料的江西雨帆酒精有限公司以“公司＋农户＋基地”的形式，与种植户签订生产与收购合同，2009 年收购价 470 元/t，木薯产量按 30 t/hm^{2}计，产值 14 100 元/hm^2。扣除肥料、农药、种茎等生产成本，纯收入 9 900 元/hm^{2}左右，高于当地种植花生、大豆、油菜、玉米等旱作物的收入
张坤等（2010）	湖南农业大学资源环境学院	相对于普通农作物，种植能源作物相对来说管理投入成本少，后期潜力利用巨大
路璐（2013）	南京农业大学	黄连木在适宜边际土地上的生物柴油生产成本为 3 838.14 元/t，在较适宜边际土地上的生物柴油生产成本为 7 535.37 元/t
陈瑜琦、陈丰琳（2015）	中国土地勘测规划院国土资源部土地利用重点实验室	通过 2015 年 8 月在甘肃榆中开展的农户调查，分析农户尺度上在边际土地上种植能源作物的经济可行性，结果显示：在干旱、贫瘠的恶劣自然条件和农户疏于管理的人为因素影响下，当地能源作物文冠果长势缓慢，收益微薄，三年生产量也仅为 108.75kg/hm^2，到第七年产量才可能达到 478.65kg/hm^2，但由于文冠果后续产业不足，目前尚未有生物能源企业投产，文冠果价格低廉，与该地区其他农作物（玉米、胡麻、小麦）相比，文冠果收益显著偏低，农户主动种植的积极性有限

第四节　中国开发边际土地发展生物质能源的环境影响

在边际土地上种植能源作物发展生物质能源到底对环境有哪些影响？这些影响是积极的还是消极的？选择不同种类能源作物和不同类型边际土地都会产生不同的环境影响。例如，在边际土地上种植能源作物具有修复退化土地，增加碳捕获等积极的环境影响，但是如果边际土地原本是被牧草所覆盖，为了生产生物质能源清除牧草，将其转换成种植能源作物，则会影响土壤碳库。在分散的边际土地上生产能源作物，由于运输距离较长，会增加燃料消费量，从而削弱能源作物在温室气体减排方面所产生的积极作用。因此，在开发边际土地时，应提前做好环境影响的评估与预判。我国很多学者也针对在边际土地上种植能源作物对环境产生的影响等方面做了研究。

李高扬等（2008）认为对柳枝稷施用氮肥以增加生物质产量而不会产生负面的环境影响。柳枝稷在近地表土壤中能有效存储有机碳，其群落下土壤有机碳储存比耕作农地高。在半干旱地区如黄土高原的砂地广泛种植柳枝稷，不但能够大量生产生物能源原料，而且具有极其显著的水土保持等生态效益。对柳枝稷燃料乙醇生命周期分析发现，柳枝稷燃料乙醇短期内能够减少57％的温室气体排放。

余醉等（2009）介绍了在边际土地上种植多年生牧草的生态效益。首先，种植多年生牧草可以提高土壤有机质含量，改善土壤结构，增强土壤蓄水、蓄肥能力。其次，多年生草本植物多数具有较强的抗虫、抗病能力，因此可以减少农药的施用，并且由于较低强度的农耕管理的干扰，可为土壤生物、哺乳动物以及鸟类等提供栖息地，增加生物多样性。此外，多年生牧草可以积累残余植物体枯落物，并可因其较庞大的地下根系增加地下同化碳与土壤有机质的含量。

余海波（2010）以能源植物甜高粱、甘蔗、香根草、芦竹、荻、五节芒和芦苇为研究对象，在典型重金属铜（Cu）、锌（Zn）、铅（Pb）、镉（Cd）复合污染边际土地浙江富阳铜锌冶炼厂周边重金属污染农田和安徽铜陵杨山冲尾矿库试验基地进行能源植物示范区种植试验。试验结果表明，能源作物种植一年来，土壤有效态重金属有明显下降趋势。不同的植物对不同金属的富集能力存在一定差异。此外，供试场地尾砂经改良和人工引种四种禾本科能源植物后，自然定居的维管植物共有64种，分属25科59属。由此可见，在边际土地上种植能源作物有利于土壤修复且丰富了当地物种的多样性。

张文龙（2010）在研究中提及了利用边际土地种植能源作物需要考虑的环境风险。边际土地生态环境条件脆弱，甚至轻微扰动都会引发生态环境的退化。特别是对于中国西部地区，水土流失现象更为严重。对于一年生植物而言，通常需要频繁的管理维护，人为因素扰动大，而且种植区域土地覆盖率不高，作物收获后还田比例低下等，这些都会引发较大的水土流失风险。如甜高粱生长期为130天左右，收获期为7～8月，多为降水集中季节，易引发水土流失等生态危害。另外，能源作物在种植维护过程中还可能带来环境污染问题。因此，研究认为在考虑环境因素决策是否运用边际土地种植能源作物时要着重关注利用边际土地发展能源植物可能引发的水土流失风险、生态系统价值变化以及给碳平衡等所带来的影响，并将其作为最终决策的一个重要组成部分。

何蒲明、黎东升（2011）认为在干旱、半干旱地区大规模发展灌木林，有利于减少土地沙化，改善这些地区的生态环境，但同时也需要进一步评估开发边际土地的环境影响。

侯新村等（2011）对京郊地区的三类纤维素类能源草（柳枝稷、荻、芦竹）的生态价值进行了评估。基于边际土地上开展纤维素类能源草的种植与利用，可以在一定程度上促进边际土地中有机碳的积累，改善土壤肥力状况，对于原本较为贫瘠的边际土地来说可以起到一定的土壤改良与培肥作用。研究结果表明，每制备1吨纤维素乙醇所需种植柳枝稷、荻和芦竹能够产生的大气净化生态价值分别为4 639.28、4 351.25和4 320.39元，从生态价值角度看，以纤维素类能源草为原料制备纤维素乙醇，柳枝稷最优，荻次之，芦竹最差。

尹芳等（2012）运用生命周期模型分析了利用不同适宜性等级边际土地生产麻疯树生物柴油的温室气体减排潜力。计算的麻疯树生物柴油生命周期是指从麻疯树种植到生物柴油在发动机气缸内燃烧的整个过程，主要包括麻疯树种植、果实运输、麻疯树生物柴油生产转化、生物柴油运输、生物柴油配送和生物柴油在引擎内燃烧六个阶段。研究结果表明，西南五省市（重庆、四川、贵州、云南、广西）麻疯树生物液体燃料能源作物总温室气体减排潜力为1 591.66万吨，其中以广西壮族自治区总减排潜力最大，共967.79万吨，其次为云南省，总减排量约为474.26万吨，其他省份温室气体总减排量相对较小。此外，在较适宜边际土地上种植麻疯树的单位减排潜力小于在适宜边际土地上种植麻疯树的减排潜力。

王滔等（2012）在研究中提及利用边际土地种植能源作物具有二氧化碳调节功能、水土保持功能和景观生态改善功能。

林岩（2012）分析了在盐碱地种植蓖麻的生态效益。总计生态效益主要包括以下四方面。①以蓖麻籽为原料生产的生物柴油，能耗降低约70%，硫化物排放量减少约75%，并且生物柴油中不含对人体有害的芳香类化合物，可降低空气毒性约90%左右。②蓖麻的耐盐、耐贫瘠特性扩大了蓖麻的种植范围，使其能在各种贫瘠的土壤上种植以获得经济效益，如在沿海滩涂种植蓖麻不但可以获得经济效益，更能改良盐碱地土壤，增加盐碱地植被覆盖率、保护生态环境。蓖麻的耐贫瘠特性还能有效降低化学肥料的使用，降低土壤污染。③蓖麻植株对空气中的二氧化硫（SO_2）和二氧化氮（NO_2）有一定的吸附性，蓖麻每平方厘米每小时可以吸收0.12毫克的SO_2和NO_2，蓖麻植株对重金属的污染具有较强的抗性，尤其对砷（As）选择性强，在高排污区和重污染区种植蓖麻可起到净化空气、过滤土壤有害物的作用。④蓖麻的种植促进了生物多样性的完善，有利于物种的全面协调发展，更好地保护了生态平衡。

侯新村等（2013）在之前研究的基础上对于边际草本能源作物的生态效应进行了分析。研究根据生物质产量和种植面积核算生态效应，并对土楼村挖沙废弃地与小汤山耕地条件下的生态效应进行比较。研究结果表明，荻在生长过程中具有明显的大气净化生态效应。荻在规模化种植与应用过程中能够固定大量二氧化碳（CO_2），这对于缓解全球气候变暖趋势具有积极作用。

贾伟涛等（2015）通过在湖南重金属污染的土地上开展田间试验，研究发现利用甜高粱治理土壤重金属污染，能将土壤修复与生物能源生产有机结合，使重金属从粮食链转入能源链，同时兼顾了生态和经济效益，具有广阔的应用前景。

综上所述，我国利用边际土地种植能源作物开发生物质能源对碳排放、生物多样性、土壤质量改善等多个方面具有积极的环境影响，但同时也需要因地制宜，对大面积开发利用边际土地做好相应的环境影响评价。

第五节　中国开发边际土地发展生物质能源的政策驱动

2007年1月1日，农业部下发了《关于印发〈农业生物质能产业发展规划（2007～2015年）〉的通知》（农计发〔2007〕18号），通知中提到要适度发展能源作物，切实按照“不与人争粮、不与粮争地”的原则，在不适宜种粮的地方，利用荒山、荒坡、盐碱地等边际性土地发展甜高粱、木薯等能源作物，走中国特色的农业生物质能产业发展道路。这是中国首次在政府文件中正式提出利用边际土地发展生物质能源。规划中强调需要深入开展能源作物普查工作，摸清主要能源作物品种的性能、适宜的边际性土地等资源数量、区域分布现状，科学制订能源作物的种植规划。同时，加大对种植能源作物土地开发和整理的投入力度，对开发低质土地种植能源作物的农户给予补贴。

在印发《农业生物质能产业发展规划（2007～2015年）》的通知后，农业部科技教育司能源生态处于2007年4月20日发布了《关于开展对我国适宜种植能源作物边际土地资源进行调查评估的函》（农科教能函〔2007〕10号）。文件中给出了《生物质液体燃料专用能源作物边际土地资源调查与评价方案》和《生物质液体燃料专用能源作物边际土地资源调查表》，要求全国各县开展边际土地相关数据调查。这是中国政府部门首次组织开展对适宜种植生物质液体燃料专用能源作物的边际土地资源进行调查与评价的工作。

在此之后，中国政府部门并未直接针对促进利用边际土地发展生物质能源方面出台相关政策措施。虽然中国在此方面的政策实践相对滞后，但有部分专家学者在此方面提出了相关的发展建议，对于中国进一步驱动开发边际土地种植能源作物具有一定的指导意义。

张忠明（2011）基于CGE模型进行了非粮化政策下开发宜能荒地资源发展第二代生物燃料的情景模拟分析。模拟结果表明，在非量化生物燃料政策的影响下大量林地得到开发利用，农户从中获得收益，可支配收入和居民消费均有所提升。此外，粮食综合安全系数模拟结果表明，利用荒地资源开发第二代生物燃料不会对粮食安全造成严重影响。虽然对粮食安全影响不大，但考虑到对生态环境等方面的影响，不可贸然无序地推进鼓励边际土地的开发。

欧阳益兰等（2012）通过对基于边际土地开发利用的能源作物效益与潜力分析，提出了促进利用边际土地发展生物质能源的建议。首先，边际土地主要分布在农村地区，农村地区经济比较薄弱，需要从城市引入资金发展生物质能源，建议鼓励和引导民营企业参与发展生物质能源。其次，鼓励农民在边际土地上种植能源作物，以村为单位向农民普及能源作物知识。在农村发展试点，让农民得到实惠，然后以点带面，引导农民在边际土地上种植能源作物，建立健全相关制度。最后，建立能源植作收购站，统一收购能源作物。实行最低收购价政策，适当提高最低收购价水平，保障农民的经济利益，提高农民的安全感和归属感，也有利于保证能源植物原料的稳定供应。

张宝贵、谢光辉（2014）通过分析能源作物，特别是在干旱和半干旱区规模化、集约化种植，对资源、生态环境的影响，依据国家相关法律法规，提出了干旱和半干旱地区边际土地能源作物规模化种植准入政策建议，包括：应禁止在基本草原上种植能源作物，改变草原用途；在干旱、半干旱草原和荒草地种植多年生草本能源作物，需尽量选用本土植物物种，避免引入的能源作物在当地成为入侵物种；研究制定详细的干旱和半干旱区能源作物种植技术规范并出台相应的经济刺激政策，鼓励企业和种植户自愿采用这些技术规范；另外，从水资源保护角度，应限制或禁止在北方干旱和半干旱草原区种植耗水量大的乔木类木本能源作物如短轮伐周期的速生杨树等和一年生草本能源植物。

虽然中国具有一定开发潜能的宜能荒地，但考虑到规模化生产的难度和储藏、运输等因素，以及对于生态环境、耕地动态平衡等多个方面的影响，宜能荒地较难快速开发，政府也不宜用行政命令盲目推进边际土地的开发。

第八章　主要结论与研究创新

第一节　主要结论

一、加拿大利用边际土地开发生物质能源的经济、环境与政策

本书第二章到第六章以加拿大作为研究区域，运用环境经济学、农业经济学、土地经济学与能源经济学中的相关理论，借助数理模型分析、土地资源野外调查、成本收益分析以及多尺度综合分析等方法，对在气候变化背景下利用边际土地种植能源作物的经济、环境与政策进行了综合、深入地分析。通过研究，主要得出以下结论。

（一）边际土地的发展潜力

(1) 边际土地为生物质能生产提供了更多的可能。边际土地可以被生态适宜性较强的多年生能源作物利用，因此，利用边际土地种植能源作物可以减缓粮食与燃料之间的用地矛盾。目前，世界各国均存在可利用的边际土地。根据土地适宜性等级划分系统（LSRS）对加拿大边际土地进行划分和识别，结果表明加拿大可利用边际土地面积为 2 693 万公顷，占全国国土总面积的 2.7%。如果将可利用边际土地均用来生产生物质乙醇，生产出的生物燃料相当于 2011 年加拿大机动车汽油消费总量的 14.1%。

(2) 当生物质价格达到一定水平时，利用边际土地种植能源作物是经济可行的。在边际土地上种植能源作物除了生产成本还包括土地的开发成本。能源作物在边际土地上的产量比其在较好土地上的产量相对要低，但降低程度远低于一年生粮食作物在边际土地上的降低程度，这也正是能够利用边际土地发展生物质能的重要原因之一。当生物质价格为 86 C$/ODT 时，柳枝稷

在边际土地上种植的净收益大于零；杂交杨树则需要当生物质价格高于116 C$/ODT时，才能保证在边际土地上种植的净收益大于零。

（二）种植能源作物的经济性

（1）能源作物种植具有一定的经济竞争力。多年生草本作物柳枝稷和多年生木本作物杂交杨树是目前北美与欧洲地区广为推崇的两种能源作物。这两种能源作物与玉米等一年生粮食作物相比，年均生产成本较低，具有经济竞争力。对加拿大几种农业生物质资源的生产成本进行比较，包括一年生淀粉类作物、油料作物、作物秸秆和多年生能源作物，生物质生产成本排序为：小麦＞加拿大油菜＞大豆＞玉米＞杂交杨树＞柳枝稷＞SRC型杂交杨树＞谷物秸秆＞玉米秸秆。加拿大柳枝稷年平均生产成本约为2.9 C$/GJ，杂交杨树年平均生产成本约为4.4 C$/GJ，SRC型杂交杨树年平均生产成本约为1.8 C$/GJ，作物秸秆生产成本小于1 C$/GJ。虽然，能源作物的生产成本明显高于作物秸秆生产成本，但是大量使用作物秸秆生产生物质能源会减少秸秆还田量，降低土壤肥力。能源作物生产则具有减少土地侵蚀、养分淋失等潜能，带来一定的环境收益。

（2）能源作物柳枝稷在不同区域的生产成本存在一定的差异，这主要是由产量和生产投入差异导致的。除BC省以外的加拿大西部省份（MB、SK、AB）柳枝稷生产成本总体上高于东部省份（NL、PEI、NS、NB、QU、ON）。杂交杨树在不同区域的生产成本也存在一定的差异。加拿大东部省份的土壤、气候等条件更适合杂交杨树的种植，生产成本相对较低，更具有发展潜力和经济竞争力。

（3）能源作物的生产成本对产量较为敏感。此外，柳枝稷生产成本对肥料成本较为敏感，这主要是由于柳枝稷生产成本中肥料成本占据了相当大的比例。杂交杨树对贴现率的敏感程度远高于柳枝稷，这主要是由于杂交杨树的生命周期长，受贴现率影响较大。两种能源作物对燃料成本的敏感度相似，燃料成本变化25%时，生产成本变化幅度在3%左右，较不敏感。

（三）发展生物质能源对温室气体排放的影响

（1）生物质能源生产对温室气体排放的影响主要来自两个方面：一方面是生物质能源对化石能源的替代；另一方面是由于发展生物质能源引起的土

地利用直接和间接的变化。模拟不同碳价情景，碳价越高时，温室气体减排量越大，主要是来自生物质能源对化石能源的替代和专属能源作物替代粮食作物导致的直接土地利用变化。直接土地利用变化增加土壤有机碳汇，减少温室气体排放。间接土地利用变化将导致大量温室气体排放，远高于生物质替代化石能源所减少的温室气体排放量。但这种由于土地开发（间接土地利用变化）而导致的一次性温室气体排放量往往会被忽略，且较难衡量和计算。

（2）单位生物质用于生物质发电与用于生产生物燃料相比，具有更高的温室气体减排潜力。单位生物质替代煤直接燃烧发电的减排量约是单位生物质生产出的生物乙醇替代汽油的减排量的10倍。单位多年生能源作物转化成生物乙醇的减排量是单位玉米乙醇减排量的1.5～2倍。

（四）政策的驱动作用

（1）碳价对能源作物生产具有驱动作用，种植能源作物在一定程度上影响粮食作物供给。在不同碳价情景中，2020年加拿大全国粮食作物种植面积均呈现出不同程度的减少，能源作物种植面积均有所增加。随着碳价水平的提高，粮食作物种植面积呈下降趋势，能源作物种植面积呈上升趋势。碳价对加拿大西部省份粮食和能源作物种植的影响高于东部省份。

（2）当生物质能源生产目标相同时，复合型政策比单一命令控制型政策对粮食供给的影响要小。单一命令控制型政策情景下，加拿大全国耕地面积增加量小于复合情景下的耕地面积增加量，新增能源作物种植面积较小，粮食作物种植面积减少量较大。

（3）当生物质能源生产目标相同时，复合型政策比单一命令控制型政策更容易导致土地扩张，尤其是边际土地的扩张。选取安大略省CRAM区域2作为研究区域，利用LUAM模拟单一命令控制和复合政策情景下作物在不同级别土地上的分配情况，结果表明复合政策情景中，新增边际土地为392公顷，占总新增土地面积的39.6%；单一命令控制型政策情景中，新增边际土地仅为59公顷，占新增土地面积的9.1%。

（4）当碳价水平相同时，复合型政策比单一经济激励型政策具有更强的土地扩展驱动能力（新增边际土地的面积也较大）。同时，在复合政策情景下的生物质能源生产量以及温室气体减排量均高于单一型政策。因此，制定复合型政策更容易实现不同的生物质能源生产目标且达到减排效果。

二、中国利用边际土地开发生物质能源的经济、环境与政策

本书第七章从中国边际土地的定义和界定标准、开发潜力、边际土地种植能源作物的经济可行性、环境影响与政策驱动等多个方面展开了讨论，初步归纳总结出以下结论。

（一）边际土地的发展潜力

中国耕地资源较为有限，尤其是人均耕地资源更是稀缺。因此，发展生物质能源应该秉承“不与人争粮，不与粮争地，不争食用油和不争糖”的基本原则。目前，中国生物乙醇生产北方以玉米、甜高粱和甘薯为主要原料，南方则以甘蔗和木薯等为原料。截至 2007 年，生物乙醇总产量为 160 万吨，生物质原料生产占地 77.421 万公顷，占农作物总播种面积的 0.5%。依据国家发展改革委制定的《可再生能源中长期发展规划》，中国生物能源利用目标具体为：到 2020 年，生物燃料乙醇 1 000 万吨，生物柴油 200 万吨。按照土地足迹法推算，2020 年将投入农作物播种面积的 17.41%（698.6 万公顷）用于能源作物种植（王滔等，2012）。由此可见，开发边际土地发展生物能源可以在一定程度上缓解粮油用地矛盾，为发展生物质能源提供新的途径。

总结已有研究结果，中国边际土地的面积为1 485 万～12 561万公顷。按照农业部 2007 年的宜能边际土地调查结果，我国宜能边际土地面积为3 420 万公顷。全国宜能边际土地重点开发区域主要分布于八大区域，分别是：武陵山区（湖北省西南部、湖南省西部、贵州省东部和重庆市东南部），西南岩溶地区（贵州省中西部、云南省中东部、四川省西南部），秦巴山区（四川省北部及东部、重庆市东部、湖北省西北部和陕西南部），大别山及其周边地区（安徽西南部、河南南部和西部、湖北东部和北部），蒙东及东北三省西部地区（内蒙古东部、黑吉辽三省西部），内蒙古中部地区，新疆北疆地区，北方沿海滩涂地区［包括江苏、山东、天津、河北、辽宁五省市的所有沿海县（市）］。即使按照目前已有研究估测出的边际土地面积的最小数值1 485万公顷，按 60%的垦殖指数，以每公顷产乙醇 3 吨计算，可获得生物乙醇2 673万吨，完全可以满足 2020 年生物乙醇利用量达到 1 000 万吨的规划需求。中国可用于生物质能开发的边际土地具有较大发展潜力。

（二）利用边际土地种植能源作物的经济效益

中国边际土地分布范围较广，能源作物的种类也较为丰富，因此需要因地制宜地选择适宜的能源作物进行种植，从而获得较高的经济收益。目前已尝试开展种植的能源作物包括木薯、甘蔗、甜高粱、麻疯树等。甘薯较适宜种植于广西、重庆、四川等省区的边际土地；木薯较适宜种植于广西、广东、海南、福建、云南五省区的边际土地；甜高粱较适宜种植于黑龙江、山东、内蒙古、新疆、河北等省区的边际土地；麻疯树适宜种植于福建、四川、云南等省区的边际土地。木薯和甘蔗为原料生产燃料乙醇的成本相近，低于甜高粱、玉米和纤维素类燃料乙醇的生产成本。麻疯树为原料生产生物柴油的成本相对较高，在没有补贴等政策支持的情况下，难以获得正的经济效益。

已有研究表明，在边际土地上种植能源作物具有一定的经济可行性，但需要综合考虑边际土地与能源作物的适宜匹配性、边际土地破碎化程度、交通运输半径等因素，以及开发有可能承担的较高的机会成本。

（三）利用边际土地发展生物质能源的生态环境效益

中国利用边际土地种植能源作物开发生物质能源对碳排放、生物多样性、土壤质量改善等多个方面具有积极的环境影响，但同时也需要因地制宜，对大面积开发利用边际土地做好相应的环境影响评价，尤其是需要考虑大规模种植可能产生的生态风险以及生态脆弱区的破坏。

（四）利用边际土地发展生物质能源的政策驱动

目前，中国出台了一系列促进生物质能源发展的政策措施，但并没有专门针对促进开发边际土地发展生物质能源的政策措施。这主要是由于目前基于经济和生态环境等多种因素考虑，政府大力推进开发边际土地存在较多不可控的风险。此外，相关政策施行模拟效果方面的研究也较为不足，缺少足够的理论支撑。建议在编制专项规划、合理布局、建立科技支撑体系、评估生态环境风险的基础上，考虑适度开放燃料乙醇进入燃油销售市场，引入多种形式的资金支持，研究制定鼓励农民和生物质能源生产企业参与开发边际土地发展生物质能源的激励措施。

第二节 创新与展望

本书以加拿大作为研究区域，以能源作物柳枝稷和杂交杨树作为研究对象，重点分析了在边际土地上发展生物质能源的经济可行性、环境影响以及市场机制和政府规制的政策作用效果。本书内容创新与未来研究展望总结如下。

一、贡献与创新

（1）根据研究区域和对象，本研究构建了一个系统定义、划分和识别边际土地的方法。利用土地适宜性等级系统（LSRS）和地理信息系统（GIS）对边际土地进行定量化分析与空间位置识别。同时，根据不同作物的生物学特性和不同级别土地的物理特性，探讨了一年生粮食作物、多年生能源作物（草本、木本）在边际土地上的潜在生产力指数。

（2）基于“理性人”假设利益最大化原理，本研究创建土地利用分配模型（LUAM）分析不同作物在不同级别土地上的种植情况，尤其是可将其用于分析能源作物与粮食作物在不同级别土地上的竞争关系以及边际土地的利用情况。

（3）为了研究边际土地在发展生物质能源中的作用以及能源作物在边际土地上的种植情况，本研究对已有的农业区域经济模型（CRAM）进行修订和完善，在模型中添加了能源作物生产以及土地扩展能力。

（4）本研究将 LUAM、CRAM 和 GHGE 三个模型进行链接，实现了微观与宏观尺度的结合，经济分析模型与理化分析模型的结合。LUAM 与 CRAM 的链接具有一定的创新性，弥补了原有 CRAM 模型无法提供不同级别土地上作物分布信息的不足，尤其是填补了边际土地利用研究的空白。

（5）本研究从经济、环境和政策角度全面、深入地分析了 2020 年不同政策情景下，区域生物质供给、生物质能源生产、土地利用变化以及温室气体排放的情况。模拟的政策类型较为全面，包括经济激励型政策（碳价）、命令控制型政策（强制性生物质能源生产目标）以及将二者结合的复合型政策。

不同政策情景下的结果存在一定差异，对单一型政策与复合型政策进行比较和探讨，为政府在气候变化背景下制定相关生物质能源发展和温室气体减排政策奠定理论基础。

二、讨论与展望

（1）从经济角度，本书对种植能源作物经济性的研究尺度是基于农场尺度的，不包括生物质转化成生物质能这部分成本的讨论。未来可以从生物质能生产的整个生命周期角度进行分析，完善由生物质转化成生物质能这一产业链的讨论和分析。

（2）从不同政策情景下生物质生产情况可以看出，作物秸秆是能源作物以外最主要的生物质供给来源。秸秆是作物的附属产品，生产成本不包括作物种植成本，比专属能源作物具有一定的经济优势。同时，作物秸秆不存在与粮食作物竞争土地和其他资源的问题。虽然作为生物质能原料的作物秸秆具有上述优点，但其供给数量较为有限且大量利用作物秸秆减少还田将对土壤存在负面影响。本研究侧重研究能源作物，未来可以进一步深入探讨作物秸秆与专属能源作物之间的差异。

（3）从环境角度，本书主要分析了发展能源作物对温室气体排放的影响，但实质上除了对温室气体的影响，种植能源作物尤其是在边际土地上会对土壤质量、生物多样性等其他环境方面以及社会福利等方面产生影响。有关这些方面的分析可以在以后的研究中逐步展开。

（4）本书主要运用农业部门局部均衡模型分析气候变化背景下，2020年不同碳价和生物质能源发展政策对土地利用、生物质生产和温室气体排放等方面的影响，但忽略了生物质生产与林业部门、能源部门之间的相互作用关系，未来应该在部门之间的相互作用和影响方面展开更多的研究工作。

目前，我国还没有关于边际土地发展生物质能源方面系统的研究。已有研究多限于对边际土地生产潜力的分析，抑或是进行宽泛的论述，缺少经济、环境与政策方面的定量分析。虽然本书是以加拿大作为主要研究区域，但书中整体系统的研究逻辑和创新性的研究方法对我国利用边际土地发展生物质能源以及探索制定减排和生物质能源发展政策方面的研究具有重要的借鉴意义。

参考文献

[1] Abrahamson，L. P.，Robison，D. J.，Volk，T. A.，et al. Sustainability and environmental issues associated with willow bioenergy development in New York（U. S. A.）[J]. Biomass and Bioenergy，1998，15（1）：17-22.

[2] AEA. Biofuels Research Gap Analysis [R]. Final report to the Biofuels Research Steering Group，2009.

[3] Agriculture and Agri-Food Canada（AAFC）. Canada Land Inventory [EB/OL]. (2006). http://sis. agr. gc. ca/cansis/nsdb/cli/index. html.

[4] Agriculture and Agri-Food Canada（AAFC）. Land Suitability Rating System [EB/OL]. 2007. http://lsrs. landresources. ca/contents. html.

[5] Agriculture and Agri-Food Canada（AAFC）. Medium Term Outlook for Canadian Agriculture [R]. 2008. http://www. 4. agr. gc. ca/AAFC-AAC/displayafficher. do? id = 1242921667481&lang=eng＞ [accessed 08. 06. 11].

[6] Amichev，B. Y.，Johnston，M.，Van Rees，K. C. Hybrid poplar growth in bioenergy production systems：Biomass prediction with a simple process-based model（3PG）[J]. Biomass and Bioenergy，2010，34（5）：687-702.

[7] Anderson，J. A.，Luckert，M. K. Can hybrid poplar save industrial forestry in Canada? A financial analysis in Alberta and policy considerations [J]. Forestry Chronicle，2007，83（1）：92-104.

[8] Banse，M.，Van Meijl，H.，Tabeau，A.，et al. Impact of EU biofuel policies on World agricultural and food markets [C]. The 107th EAAE Seminar "Modeling of Agricultural and Rural Development Policies". Sevilla，Spain，January 29th-February 1st，2008.

[9] Becker，A. Biomass for energy production in the context of selected European and international policy objectives [C]. 12th Congress of the European Association of Agricultural Economists（EAAE），2008.

[10] Birur，D. K.，Hertel，T. W.，Tyner，W. E. Impact of large-scale biofuels production on cropland-pasture and idle lands [C]. Paper prepared for the presentation at the Thirteenth Annual Conference on Global Economic Analysis "Trade for Sustainable

and Inclusive Growth and Development", Bangkok, Thailand, June 9-11, 2010.

[11] Boeters, S., Veenendaal, P., Leeuwen, N., et al. The potential for biofuels alongside the EU-ETS [C]. The 11th Annual GTAP Conference, Helsinki, Finland, 2008.

[12] Börjesson, P. Environmental Effects of Energy Crop Cultivation in Sweden -Part Ⅱ: Economic Valuation [J]. Biomass and Bioenergy, 1999 (16): 155-170.

[13] BP. Statistical Review of World Energy [EB/OL]. 2011. http://www.bp.com/sectionbodycopy.do?categoryId=7500&contentId=7068481.

[14] Britz, W., Hertel, T. W. Impacts of EU biofuels directives on global markets and EU environmental quality: an integrated PE, global CGE analysis [J]. Agriculture, Ecosystems & Environment, 2011, 142 (1): 102-109.

[15] Brooke, T., Kendrick, D., Meeraus, A. GAMS: A User's Guide [M]. The Scientific Press, Redwood City, California, 1988.

[16] Burniaux, J. M., Truong, T. P. GTAP-E: an energy-environmental version of the GTAP model [R]. GTAP Technical Paper No. 16, 2002.

[17] Cai, X., Zhang, X., Wang, D. Land availability for biofuel production [J]. Envirnment Science & Technology, 2011, 45 (1): 334-339

[18] Campbell, J. E., Lobell, D. B., Genova, R. C., et al. The global potential of bioenergy on abandoned agriculture lands [J]. Environment Science & Technology, 2008, 42 (15): 5791-5794.

[19] Coase, R. H. The problem of social cost [J]. Journal of Law and Economics, 1960, 3: 1-44.

[20] Conant, R. T., Paustian, K., Elliot, E. T. Grassland management and conversion into grassland: effects on soil carbon [J]. Ecological Application, 2001, 11: 343-355.

[21] Dale, V. H., Kline, K. L., Wiens, J., et al. Biofuels: implications for land use and biodiversity [R]. Biofuels and Sustainability Reports, 2010.

[22] Dandres, T., Gaudreault, C., Tirado-Seco, P., et al. Macroanalysis of the economic and environmental impacts of a 2005-2025 European Union bioenergy policy using the GTAP model and life cycle assessment [J]. Renewable and Sustainable Energy Reviews, 2012, 16 (2): 1180-1192.

[23] Department for Environment, Food and Rural Affairs. Assessment of the availability of marginal or idle land for bioenergy crop production in England and Wales [R]. Research Project Final Report, 2010.

[24] Elobeid, A., Tokgoz, S. Removal of U. S. Ethanol Domestic and Trade Distortions: Impact on U. S. and Brazilian Ethanol Markets [R]. Center for Agricultural and Rural Development (CARD) Publications 06-wp427, Center for Agricultural and Rural Development (CARD) at Iowa State University, 2006.

[25] Downing, M., Graham, R. L. The potential supply and cost of biomass from energy crops in the Tennessee valley authority region [J]. Biomass and Bioenergy, 1996, 11 (4): 283-303.

[26] Dregne, H. E., Chou, N. T. Global desertification dimensions and costs. In Degrada-

tion and restoration of arid lands [Z]. Lubbock: Texas Tech. University, 1992.

[27] Ericsson, K., Rosenqvist, H., Nilsson, L. J. Energy crop production costs in the EU [J]. Biomass and Bioenrgy, 2009, 33 (11): 1577-1586.

[28] Eswaran, H., Lal, R., Reich, P. F. Land degradation: an overview. Response to Land Degradation [C]. Proceedings of the 2nd International Conference on Land Degradation and Desertification, Khon Kaen. Oxford Press, New Delhi, 2001.

[29] FAO. Guidelines: Land Evaluation for Irrigated Agriculture [M]. 1985. http://www.fao.org/docrep/X5648E/x5648e00.htm#Contents.

[30] FAO. Land resource potential and constraints at regional and country levels [EB/OL]. 2000. http://www.fao.org/nr/lada/index.php? option=com_docman&task=doc_details&gid=126&Itemid=157&lang=en.

[31] FAO. Bioenergy Environmental Impact Analysis (BIAS): Analytical Framework [R]. 2010. www.fao.org/docrep/013/am302e/am302e00.pdf.

[32] Fargione, J., Tilman, D., Polask, S., et al. Land clearing and the biofuel carbon debt [J]. Science, 2008, 391 (7): 1235-1237.

[33] Field, C. B, Campbell, E., Lobell, D. B. Biomass energy: the scale of the potential resource [J]. Trends in Ecology & Evolution, 2008, 23 (2): 75-72.

[34] Gabrielle, B., Kengni, L. Analysis and field-evaluation of the CERES models' soil components: nitrogen transfer and transformation [J]. Soil Science Society of American Journal, 1996, 60: 142-149.

[35] Garten, C. T., Wullschleger, S. D. Soil carbon dynamics beneath switchgrass as indicated by stable isotope analysis [J]. Journal of Environmental Quality, 2000, 29: 645-653.

[36] Gawel, E., Ludwig, G. The iLUC dilemma: How to deal with indirect land use changes when governing energy crops? [J]. Land Use Policy, 2011, 28: 846-856.

[37] Gebhart, D. L., Johnson, H. B. J., Mayeux, H. S., et al. The CRP increases soil organic carbon [J]. Journal of Soil and Water Conservation, 1994, 49: 488-492.

[38] Grainger, A. Estimating areas of degraded tropical lands requiring replenishment of forest cover [J]. The International Tree Crops Journal, 1988, 5: 31-61.

[39] Gregg, N., Lung, P. Determining options to lower mechanical overlap in sinuous riparian areas [Z]. Prairie Agricultural Machinery Institute, 2007.

[40] Gurgel, A., Reilly, J., Paltsev, S. Potential land use implications of a global biofuels industry [J]. Journal of Agricultural & Food Industrial Organization, 2007, 5 (2): 1-36.

[41] Hall, D. O., Rosillo-Calle, F., Williams, R. H., et al. Biomass for energy: supply prospects. In: JTB, et al., editors. Renewable energy - sources for fuels and electricity [M]. Washington: Island Press, 1993: 1160.

[42] Heaton, E. A., Long, S. P., Voigt, T. B., et al. Miscanthus for renewable energy generation: European Union experience and projections for Illinois [J]. Mitigation and Adaptation Strategies for Global Change, 2004, 9 (4): 433-451.

[43] Hertel, T., Keeney, R., Ivanic, M., et al. Distributional effects of WTO agricultural reforms in rich and poor countries [Z]. GTAP Working Paper No. 33, 2006.

[44] Hertel, T., Tyner, W., Birur, D. Biofuels for all? Understanding the global impacts of multinational mandates [Z]. GTAP Working Papers 2809, Center for Global Trade Analysis, Department of Agricultural Economics, Purdue University, 2008.

[45] Hitchens, M. T., Thampapillai, D. J., Sinden, J. A. The opportunity cost criterion for land allocation [J]. Review of Marketing and Agricultural Economics, 1978, 36 (3): 275-294.

[46] Hoffman, D. W. Crop yields of Soil Capability Classes and their uses in planning for agriculture [D]. University of Waterloo, 1972.

[47] Hoogwijk, M., Faaij, A., van den Broek, R., et al. Exploration of the ranges of the global potential of biomass for energy [J]. Biomass and Bioenergy, 2003, 25 (2): 119-133.

[48] Hoogwijk, M., Faaij, A., Eickhout, B., et al. Potential of biomass energy out to 2100, for four IPCC SRES land-use scenarios [J]. Biomass and Bioenergy, 2005, 29 (4): 225-257.

[49] Horner, G. L., Cormann, J., Howitt, R. E., et al. The Canadian Regional Agricultural Model, Structure, Operation and Development [R]. Technical Report 1/92. Agriculture Canada, Policy Branch, Ottawa, Ontario, 1992.

[50] Houghton, R. A., Unruh, J., Lefebvre, P. A. Current land use in the tropics and its potential for sequestering carbon [Z]. In: Technical Workshop to Explore Options for Global Forestry Management. Bangkok, Thailand: International Institute for Environment and Development, 1991.

[51] Hussain, I., Hafi, A., Liaw, A. Modeling Crop Area Allocations in Australian Broadacre Agriculture [Z]. Australian Bureau of Resource Economics Society, 1999.

[52] IPCC. Guidelines for national greenhouse gas inventories [R]. Agriculture, forestry and other land use, Vol. 4 Intergovernmental Panel on Climate Change, 2006.

[53] James L. Theory and Identification of Marginal Land and Factors Determining Land Use Change [D]. Michigan State University, 2010.

[54] Jiang, D., Hao, M., Fu, J., et al. Spatial-temporal variation of marginal land suitable for energy plants from 1990 to 2010 in China [J]. Scientific Report, 2014, 4 (4): 5816.

[55] Kasmioui, O., Ceulemans, R. Financial analysis of the cultivation of poplar and willow for bioenergy [J]. Biomass and Bioenergy, 2012, 43: 52-64.

[56] Kiniry, J. R., Cassida, K. A., Hussey, M. A., et al. Switchgrass simulation by the ALMANAC model at diverse sites in the southern US [J]. Biomass and Bioenergy, 2005, 29 (6): 419-425.

[57] Klein, K. K., Fox, G., Kerr, W. A., et al. Regional implications of compensatory freight rates for prairie grains and oilseeds [Z]. Agriculture Canada Working Paper, Number 3, Ottawa, 1991.

[58] Klein, K. K., Freeze, B. Economics of loss avoidance research on wheat in Canada [R]. A report submitted to research branch, Agriculture and Agri-Food Canada, May, 1995.

[59] Klein, K. K., Freeze, B., Wallberger A. M. Economic returns to yield increasing research on wheat in Canada [R]. A report submitted to research branch, Agriculture and Agri-Food Canada, 1995.

[60] Kraft, D. F., Senkiw, M. Productivity analysis of Canada Land Inventory classification [Z]. University of Manitoba, 1979.

[61] Kulshreshtha, S. N., Gill, R., Junkins, B., et al. Canadian economic and emissions model for agriculture (CEEMA 2.0): technical documentation [Z]. Saskatoon, SK, Canada: University of Saskatchewan 2002.

[62] Kulshreshtha, S. N., Nagy, C., Knopf, E. Greenhouse and Energy Use Implications under Selected Biofuel Scenarios [Z]. University of Saskatchewan, 2009.

[63] Lashof, D. A., Tirpak, D. A. Policy Options for Stabilizing Global Climate [M]. New York, Washington, Philadelphia, London: Hemisphere Publishing Corporation, 1990.

[64] Ledebur, O., Salamon, P., Zimmermann, A., et al. Modeling Impacts of some European biofuel measures [C]. 107th Seminar, January 30 February 1, 2008, Sevilla, Spain 6649, European Association of Agricultural Economists.

[65] Lemus, R., Lal, R. Bioenergy crops and carbon sequestration [J]. Critical Reviews in Plant Sciences, 2006, 24 (1): 1-21.

[66] Lewandowski, I., Clifton-Brown, J. C., Scurlock, J. M. O., et al. Miscanthus: European experience with a novel energy crop [J]. Biomass and Bioenergy, 2000, 19 (4): 209-227.

[67] Liu, T. T, McConkey, B. G, Ma, Z. Y., et al. Strengths, weaknessness, opportunities and threats analysis of bioenergy production on marginal land [J]. Energy Procedia, 2011, 5: 2378-2386.

[68] Liu, T. T., Kulshreshtha, S., Huffman, T., et al. Bioenergy production potential on marginal land in Canada [C]. Agro-geoinformation International Conference, 2-4 August, 2012, Shanghai, China.

[69] Luck, J. D., Zandonadi, R. S., Shearer, S. A. A case study to evaluate field shape factors for estimating overlap errors with manual and automatic section control [J]. American Society of Agricultural and Biological Engineers, 2011, 54 (4): 1237-1243.

[70] McCarl, B. A. Biofuels and Legislation Linking Biofuel Supply and Demand Using the FASOMGHG Model [C]. Duke University, Nicolas Institute Conference: Economic Modeling of Federal Climate Proposals: Advancing Model Transparency and Technology Policy Development, Washington DC. 2007.

[71] McConkey, B., Kulshreshtha, S., Smith, S. Maximizing Environmental Benefits of the Bioeconomy using Agricultural Feedstock [R]. Report to the PERD-CBIN Bio-energy project, Agriculture and Agri-Food Canada, 2008: 21-96.

[72] Milbrandt, A., Overend, R. P. Assessment of Biomass Resources from Marginal

Lands in APEC Economies [Z]. Energy Working Group, 2009: 2-8.
[73] Morris, D. Ethanol and land use change [EB/OL]. 2008. http://www. bioenergywiki. net/images/1/10/Morris _ Ethanol-and-Land-Use. pdf.
[74] Nestor, D. V, Pasurka, C. A. Environment-economic accounting and indicators of the economic importance of environmental protection actives [J]. Review of Income and Wealth, 1995, 41 (3): 265-287.
[75] Nijsen, M., Smeets, E., Stehfest, E., et al. An evaluation of the global potential of bioenergy production on degraded lands [J]. Global Change Biology, 2012, 4: 130-147.
[76] Norton, R. D., Hazell, P. B. Mathematical Programming for Economic Analysis in Agriculture [M]. Collier Macmillan, London, 1986.
[77] NRCS. Commodity Costs and Returns Estimation Handbook [R], 2000. http://www. nrcs. usda. gov/wps/portal/nrcs/detail/national/technical/econ/costs/? cid = nrcs143 _ 009751.
[78] Nyirfa, W. N., Harron, B. Assessment of climate change on the agriculture resources of the Canadian Prairies [EB/OL]. 2002. http://www. parc. ca/pdf/research _ publications/agriculture4. pdf.
[79] Oldeman, L. R., Hakkeling, R. T. A., Sombrije, W. G. World map of the status of human-induced soil degradation: an explanatory note [EB/OL]. 1991. http://www. isric. org/isric/webdocs/Docs/ISRIC _ Report _ 1991 _ 07. pdf.
[80] Oxley, J., Jenkin, B., Dauncey, C., et al. The economic benefits of public potato research in Canada [R]. A report submitted to Research Branch. Ottawa: Agriculture and Agri-Food Canada, December, 1996.
[81] Pearce, D. Cost benefit analysis and environmental policy [J]. Oxford Review of Economic Policy, 1998, 14 (4): 84-100.
[82] Perrin, R. K., Vogel, K. P., Schmer, M. R., et al. Farm-scale production cost of switchgrass for biomass [J]. Bioenergy Resources, 2008, 1: 91-97.
[83] Rapier, R. Marginal Land Produces Marginal Biomass [EB/OL]. 2011-1-20. http://theenergycollective. om/robertrapier/50090/marginal-land-produces-marginal-biomass.
[84] Reilly, J., Paltsev, S. Biomass energy and competition for land. MIT Joint Program on the Science and Policy of Global Change [R]. 2007, Report 145, Cambridge, MA.
[85] REN21. Renewables 2010: Global Status Report, Renewable Energy Policy Network for the 21st Century [R]. 2010. http://www. ren21. net/.
[86] Rosenqvist, H. Willow Cultivation - Methods of Calculation and Profitability [D]. For Skog-Industri-Marknad Studier, Sveriges Lantbruksuniveritet (SLU), Uppsala, Sweden, 1997.
[87] Schroers, J. O. Zur Entwicklung der Landnutzung auf Grenzstandorten in Abhängigkeit agrarmarktpolitischer, agrarstrukturpolitischer und produktionstechnologischer Rahmenbedingungen: eine Analyse mit dem Simulationsmodell ProLand [D]. University of Giessen, Germany, 2006. http://geb. uni-giessen. de/geb/volltexte/2007/4511/.

[88] Schubert, R., Schellnhuber, H. J., Buchmann, N., et al. Future bioenergy and sustainable land use [EB/OL]. 2009. http://www. wbgu. de/wbgu _ jg2008 _ en. pdf.

[89] Searchinger, T., Heimlich, R., Houghton, R. A., et al. Use of US cropland for biofuels increase greenhouse gases through emissions from land use change [J]. Science, 2008, 319 (7): 1238-1240.

[90] Skjemstad, J. O., Spouncer, L. R., Cowie, B. et al. Calibration of the Rothamsted organic carbon turnover model (RothC ver. 26. 3), using measurable soil organic carbon pools [J]. Australian Journal of Soil Research, 2004, 42: 79-88.

[91] Steinbuks, J., Hertel, T. The optimal allocation of global land use in the food-energy-environment trilemma [Z]. GTAP Working Paper No. 64, 2012.

[92] Striker, D. Marginal lands in Europe - causes of decline [J]. Basic and Applied Ecology, 2005, 6 (2): 99-106.

[93] Styles, D., Jones, M. B. Energy crops in Ireland: quantifying the potential life-cycle greenhouse gas reductions of energy-crop electricity [J]. Biomass and Bioenergy, 2007, 31 (11-12): 759-772.

[94] Taheripour, F., Hertel, T., Tyner, W. Implications of the biofuels boom for the global livestock industry: a computable general equilibrium analysis [Z]. GTAP Working Paper No. 58, 2010.

[95] Tilman, D., Hill, J., Lehman, C. Carbon-negative biofuels from low-input high-diversity grassland biomass [J]. Science, 2006, 314 (5805): 1598-1600.

[96] Vakenzueka, E., Hertel, T. Keeney, R., et al. Assessing global CGE model validity using agricultural price volatility [Z]. GTAP Working Paper No. 32, 2005.

[97] Von Lampe, M. Agricultural Market Impacts of Future Growth in the Production of Biofuels [R]. OECD Papers, OECD Publishing, 2006, 6 (1): 1-57.

[98] Vuuren, D. P., Vliet, J., Stehfest, E. Future bioenergy potential under various natural constraints [J]. Energy Policy, 2009, 37 (11): 4220-4230.

[99] Walmsley, T., Ahmed, S. A., Parsons, C. The impact of liberalizing labour mobility in the Pacific region [Z]. GTAP Working Paper No. 31, 2005.

[100] Walsh, M. E., Becker, D. Biocost: a software program to estimate the cost of producing bioenergy crops [C]. The Seventh National Bioenergy Conference, 1996: 480-486.

[101] Webber, C. A. Determining the production and export potential for medium quality wheat using sectoral model for Canada [D]. University of British Columbia, 1986.

[102] Webber, C. A., Graham, J. D., Klein, K. K. The structure of CRAM: a Canadian Regional Agricultural Model [Z]. Department of agricultural Economics, University of Columbia, 1986.

[103] Webber, C. A., Graham, J. D., MacGregor, R. J. A regional of direct government assistant programs in Canada and their impacts on the beef and hog sectors [Z]. Agriculture Canada, working paper, Ottawa, Canada, 1989.

[104] Wiegmann, K., Hennenberg, K. J., Fritsche, U. R. Degraded land and sustainable

bioenergy feedstock production [C]. Joint International Workshop on High Nature Value Criteria and Potential for Sustainable Use of Degraded Lands，Paris，June 30-July 1，2008.

[105] Wicke，B. Bioenergy production on degraded and marginal land：assessing its potentials，economic performance，and environmental impacts for different settings and geographical scales [D]. Scheikunde Proefschriften，2011.

[106] Witzke，P.，Banse，M.，Gomann，H.，et al. Modeling of energy-crop in agricultural sector models - a review of existing methodologies [R]. Institute for Prospective Technological Studies，EUR23355，2008.

[107] Zan，C. S.，Fyles，J. W.，Girouard，P.，et al. Carbon sequestration in perennial bioenergy，annual corn and uncultivated systems in Southern Quebec [J]. Agriculture，Ecosystems and Environment，2001，86：135-144.

[108] Zhuang，D. F.，Jiang，D.，Liu，L.，et al. Assessment of bioenergy potential on marginal land in China [J]. Renewable and Sustainable Energy Review，2011，15 (2)：1050-1056.

[109] 曹历娟. 发展生物质能源对我国粮食安全和能源安全影响的一般均衡分析 [D]. 南京农业大学，2009.

[110] 陈亮. 环境内涵及计量方法探析 [J]. 现代经济探讨，2009，(8)：89-92.

[111] 陈瑜琦，陈丰琳. 在边际土地上种植能源作物的综合可行性研究——以甘肃榆中为例 [J]. 可再生能源，2015，34 (7)：1079-1087.

[112] 程序. 生物能源与粮食安全及减排温室气体效应 [J]. 中国人口、资源与环境，2009，19 (3)：3-8.

[113] 程序，朱万斌，谢光辉. 论农业生物能源和能源作物 [J]. 自然资源学报，2009，24 (5)：842-848.

[114] 方佳，濮文辉，张慧坚. 国内外木薯产业发展近况 [J]. 中国农学通报，2010，26 (16)：353-361.

[115] 冯献. 中国木薯生物燃料产业发展实证研究分析 [D]. 中国农业科学院，2011.

[116] 高慧，胡山鹰，李有润，等. 甜高粱乙醇全生命周期能量效率和经济效益分析 [J]. 清华大学学报（自然科学版），2010，50 (11)：1858-1865.

[117] 郭颖，胡山鹰，李有润，等. 甜高粱乙醇产业生态系统优化与效益分析 [J]. 现代化工，2008，28 (10)：79-83.

[118] 韩立朴，马凤娇，谢光辉，等. 甜高粱生产要素特征、成本及能源效率分析 [J]. 中国农业大学学报，2012，17 (6)：56-69.

[119] 何蒲明，黎东升. 利用边际性土地发展生物能源：基于粮食安全的视角 [J]. 农业经济，2011 (6)：51-53.

[120] 侯新村，范希峰，武菊英，等. 纤维素类能源草在京郊地区的经济效益与生态价值评价 [J]. 草业学报，2011，20 (6)：12-17.

[121] 侯新村，范希峰，武菊英，等. 边际土地草本能源植物应用潜力评价 [J]. 中国农业大学学报，2013，18 (1)：172-177.

[122] 胡松梅，龚泽修，蒋道松. 生物能源植物柳枝稷简介 [J]. 草业科学，2008，25 (6)：

29-33.
[123] 胡志远，戴杜，张成，等. 木薯乙醇—汽油混合燃料生命周期评价 [J]. 内燃机工程，2003，21 (5)：341-345.
[124] 胡志远，张成，浦耿强，等. 木薯乙醇汽油生命周期能源、环境及经济性评价 [J]. 内燃机工程，2004，25 (1)：13-16.
[125] 黄惠勇. 边际土地发展能源作物潜力分析 [J]. 中国集体经济，2010，5 (15)：36-38.
[126] 黄季焜，李宁辉. 中国农业政策分析和预测模型——CAPSiM [J]. 南京农业大学学报（社会科学版），2003，3 (2)：30-41.
[127] 黄洁，李开绵，叶剑秋，等. 中国木薯产业化的发展研究与对策 [J]. 中国农学通报，2006，22 (5)：421-426.
[128] 贾伟涛，吕素莲，冯娟娟，等. 利用能源植物治理土壤重金属污染 [J]. 中国生物工程杂志，2015，35 (1)：88-95.
[129] 姜慧，胡瑞芳，邹剑秋，等. 生物质能源甜高粱的研究进展 [J]. 黑龙江农业科学，2012 (2)：139-141.
[130] 寇建平，毕于运，赵立欣，等. 中国宜能荒地资源调查与评价 [J]. 可再生能源，2008，26 (6)：3-9.
[131] 黎大爵. 开发甜高粱产业，解决能源、粮食安全及三农问题 [J]. 中国农业科技导报，2004，6 (5)：55-58.
[132] 李伯涛. 碳定价的政策工具选择争议：一个文献综述 [J]. 经济评论，2012 (2)：153-160.
[133] 李高扬，李建龙，王艳，等. 利用高产牧草柳枝稷生产清洁生物质能源的研究进展 [J]. 草业科学，2008，25 (5)：15-21.
[134] 李君. 我国甘蔗燃料乙醇发展潜力与策略研究 [D]. 福建农林大学，2009.
[135] 李奇伟，戚荣，张远平. 能源甘蔗生产燃料乙醇的发展前景 [J]. 甘蔗糖业，2004 (5)：29-44.
[136] 李霞. 中国北方边际土地生物质资源生产潜力估测 [D]. 北京师范大学，2007.
[137] 李杨瑞，谭裕模，李松，等. 甘蔗作为生物能源作物的潜力分析 [J]. 西南农业学报，2006，19 (4)：742-746.
[138] 林岩. 盐碱地发展能源作物蓖麻产业的可行性与对策研究 [D]. 扬州大学，2012.
[139] 刘惠惠. 中国不同地区能源作物甜高粱规模化生产的可持续性 [D]. 中国农业大学，2015.
[140] 刘吉利，朱万斌，谢光辉，等. 能源作物柳枝稷研究进展 [J]. 草业科学，2009，18 (3)：232-340.
[141] 路璐. 中国宜能边际地区黄连木生物柴油开发潜力及环境效益分析 [D]. 南京农业大学，2013.
[142] 罗昌轶，张江平. 从农业比较效益看麻疯树生物能源产业的发展——以攀枝花为例 [J]. 攀枝花科技与信息，2007，32 (3)：18-21.
[143] 梅晓岩，刘荣厚，曹卫星. 甜高粱茎秆固态发酵制取燃料乙醇中试项目经济评价 [J]. 农业工程学报，2011，27 (10)：243-248.
[144] 农业部科教司. 关于开展对我国适宜种植能源作物边际土地资源进行调查评估的函

(农科教能函〔2007〕110号) [EB/OL]. 2007. http://www.stee.agri.gov.cn/nysl/gzdt/t20070420_779556.htm.

[145] 欧阳益兰，刘洛，段建南. 中国适宜发展象草的边际土地资源分析与评价 [J]. 经济研究导刊，2013 (13)：256-258.

[146] 欧阳益兰，王滔，段建南. 基于边际土地开发利用的能源植物效益与潜力分析 [J]. 江苏农业科学，2012，40 (11)：11-13.

[147] 潘标志，卓开发，洪志猛. 木质能源麻疯树产业发展对策研究 [J]. 生物质化学工程，2006 (S1)：134-137.

[148] 石元春. 生物质能源主导论——为编制国家"十二五"规划建言献策 [EB/OL]. 2010. http://news.sciencenet.cn/sbhtmlnews/2010/12/239460.html.

[149] 斯密. 国民财富的性质和原因的研究（下卷）[M]. 商务印书馆，1996：25.

[150] 涂圣伟，蓝海涛. 生物质能源产业和粮食安全 [J]. 宏观经济管理，2011，4：30-33.

[151] 王芳，卓莉，陈健飞，等. 宜能边际土地开发潜力熵权模糊综合评价——以广东省为例 [J]. 自然资源学报，2009，24 (9)：1521-1531.

[152] 王芳，卓莉，覃新导，等. 广东边际性土地能源植物种植潜力适宜性评价 [J]. 农业工程学报，2015，31 (19)：276-284.

[153] 王锋，成喜雨，吴天祥，等. 甜高粱茎秆汁液酒精发酵及其经济性研究 [J]. 酿酒科技，2006 (8)：41-44.

[154] 王金南，陆新元. 中国的环境经济政策：实践与展望 [J]. 世界环境，1997 (1)：21-25.

[155] 王滔，杨君，段建南，等. 基于土地利用与功能角度的能源作物发展效益分析 [J]. 河南农业科学，2012，41 (6)：75-79.

[156] 王文泉，叶剑秋，李开绵，等. 我国木薯酒精生产现状及其产业发展关键技术——广西、海南木薯考察报告 [J]. 热带农业科学，2006，26 (4)：44-49.

[157] 王小兰，苏春江，王海娥，等. 能源植物油桐在四川省边际土地种植潜力评价 [J]. 可再生能源，2013，31 (8)：82-87.

[158] 王亚静，毕于运. 新疆发展甜高粱液体燃料的可行性分析 [J]. 华中农业大学学报（社会科学版），2008，77 (5)：24-28.

[159] 王亚静，毕于运，唐华俊. 中国能源作物研究进展及发展趋势 [J]. 中国科技论坛，2009，3 (3)：124-128.

[160] 王赞信，卢英. 麻疯树种子油生命周期的经济、环境与能量效率 [J]. 长江流域资源与环境，2011，20 (1)：61-67.

[161] 王仲颖，任东明，高虎，等. 中国可再生能源产业发展报告 [M]. 化学工业出版社，2009.

[162] 魏玉清，任贤，贝盏临. 利用盐碱地种植甜高粱生产燃料乙醇的产业化前景分析 [J]. 安徽农业科学，2010，38 (21)：11279-11282.

[163] 翁炫伟，刘广青，刘殿强，等. 甜高粱制燃料乙醇项目经济效益调查分析——以黑龙江桦川县甜高粱制乙醇项目为例 [J]. 可再生能源，2008，26 (1)：86-89.

[164] 吴斌，胡勇，马璐，等. 柳枝稷的生物学研究现状及其生物能源转化前景 [J]. 氨基酸和生物资源，1997，29 (2)：8-10.

[165] 吴松海，林一心，潘世明，等. 甘蔗生产燃料乙醇的发展前景 [J]. 中国糖料，2006 (2)：58-60.

[166] 吴伟光，黄季焜. 林业生物柴油原料麻风树种植的经济可行性分析 [J]. 中国农村经济，2010 (7)：56-63.

[167] 肖序. 环境成本论 [M]. 中国财政经济出版社，2002.

[168] 谢光辉，段增强，张宝贵，等. 中国适宜于非粮能源植物生产的土地概念、分类和发展战略 [J]. 中国农业大学学报，2014，19 (2)：1-8.

[169] 谢光辉，郭兴强，王鑫，等. 能源作物资源现状与发展前景 [J]. 资源科学，2007，29 (5)：74-80.

[170] 邢爱华，马捷，张英皓，等. 生物柴油全生命周期经济性评价 [J]. 清华大学学报（自然科学版），2010，50 (6)：923-927.

[171] 徐增让，成升魁，谢高地. 甜高粱的适生区及能源资源潜力研究 [J]. 可再生能源，2010，28 (4)：118-122.

[172] 严良政，张琳，王士强，等. 中国能源作物生产生物乙醇的潜力及分布特点 [J]. 农业工程学报，2008，24 (5)：213-216.

[173] 杨昆，黄季焜. 以木薯为原料的燃料乙醇发展潜力：基于农户角度的分析 [J]. 中国农村经济，2009 (5)：14-25.

[174] 姚林如，杨海军. 最有差别碳税决定的模型分析 [J]. 财经论丛，2012，168 (6)：8-12.

[175] 尹芳，刘磊，江东，等. 麻疯树生物柴油发展适宜性、能量生产潜力与环境影响评估 [J]. 农业工程学报，2012，28 (14)：202-208.

[176] 余海波. 典型边际土地能源植物种植示范及其生态效益 [D]. 安徽师范大学，2010.

[177] 余醉，李建龙，李高扬. 利用多年生牧草生产燃料乙醇前景 [J]. 草业科学，2009，26 (9)：62-69.

[178] 袁展汽，肖运萍，刘仁根，等. 江西省适宜种植能源作物的边际土地资源分析及评价 [J]. 江西农业学报，2008，20 (1)：92-94.

[179] 袁展汽，肖运萍，刘仁根，等. 江西种植能源作物木薯的优势条件及发展对策 [J]. 中国农学通报，2010，26 (14)：396-399.

[180] 曾麟，安玉兴，李奇伟. 以甘蔗为原料生产燃料乙醇的技术经济分析 [J]. 甘蔗糖业，2006 (2)：15-19.

[181] 翟学昌，彭丽，方升佐，等. 杨树能源林新无性系苗期生物量及热值研究 [J]. 南京林业大学学报，2009，33 (6)：91-94.

[182] 张宝贵，谢光辉. 干旱半干旱地区边际地种植能源作物的资源环境问题探讨 [J]. 中国农业大学学报，2014，19 (2)：9-13.

[183] 张坤，喻瑶，刘小帆. 能源作物与土地能源功能的分析与探讨 [J]. 中国小康在线，2011 (1)：9-11.

[184] 张文龙. 基于边际土地利用的能源安全策略——以中国能源植物种植为例 [J]. 可再生能源，2010，28 (6)：112-117.

[185] 张文龙，郭阳耀. 基于山东省非粮土地利用的甜高粱适宜种植区分布研究 [J]. 安徽农业科学，2010，38 (24)：13168-13171.

[186] 张玉兰. 我国生物质能主要能源品种的综合效益评价 [D]. 南京航空航天大学，2011.

[187] 张跃彬. 云南能源甘蔗开发燃料乙醇的前景分析 [J]. 中国糖料，2007 (3)：60-62.

[188] 张泽恩，郑宏刚，余建新. 云南省生物质能发展可利用土地资源评估 [J]. 云南农业大学学报，2008，23 (1)：87-90.

[189] 张忠明. 我国发展生物燃料对粮食安全的影响分析——基于 CGE 模型的模拟分析 [D]. 浙江工业大学，2011.

[190] 赵其国. 土地退化及防治 [J]. 中国土地科学，1991，2：22-25.

[191] 周淑景. 能源植物种植产业待发展非耕地植物是主流 [N]. 科学时报，2008-08-11.

[192] 周祖鹏，秦连城. 木薯酒精汽油全生命周期经济性分析 [J]. 桂林电子工业学院学报，2004，24 (3)：86-89.

[193] 朱祺. 生物柴油的生命周期能源消耗、环境排放与经济性研究 [D]. 上海交通大学，2010.

[194] 朱震达，崔书红. 中国南方的土地荒漠化问题 [J]. 中国沙漠，1996，16 (4)：331-337.

[195] 庄新姝，袁振宏，孙永明，等. 中国燃料乙醇的应用及生产技术的效益分析与评价 [J]. 太阳能学报，2009，30 (4)：526-531.

附　　录

（一）加拿大政府生物质能源发展项目规划总结（2008）

联邦政府发展生物质能源项目规划

1. 加拿大农业部和自然资源部联合项目

项目名称	起止日期	类型	是否立法	目标领域	项目描述	资金（加元）
乙醇扩展项目（Ethanol Expansion Program）	2003年8月12日颁布；2003年10月20日执行；2007年3月31日结束	鼓励性	是	运输燃料（产业/基础设施）	目的是增加加拿大乙醇燃料的生产和使用，减少温室气体排放。该规划的目标是到2010年35%的汽油燃料被E10替代。乙醇需求量相当于3.5%的总汽油燃料消费量。该项目可扩展至2018年	1亿
未来燃料倡议（Future Fuels Initiative）	2001年颁布	鼓励/教育	—	运输燃料（产业/基础设施/消费者）	计划将加拿大每年乙醇生产和消费量增加四倍	1.4亿作为国家生物质乙醇计划的应急贷款担保金

2. 加拿大农业部项目

项目名称	起止日期	类型	是否立法	目标领域	项目描述	资金（加元）
农业机遇计划（Agri-Opportunities Program）	2007年1月23日颁布；2007年2月开始执行；2011年3月31日结束	鼓励性	是	农业	目的是加速新农业产品的生产、加工或服务的商业化	1.34亿
农业生物产品创新计划（Agricultural Bioproducts Innovation Program）	2006年12月20日颁布	研发/教育	—	政府/产业/高校	支持新的和已有的研究网络，鼓励生物产品和生物工艺领域建立与发展更强大的研究聚集群。通过对研究网络和集群的支持，促进生物质产品的研发	1.45亿
农业合作发展规划（Agriculture- Cooperative Development Initiative）	2007年10月实施；2009年3月结束	教育/扶持	否	运输燃料（农业生产者）	扶持个人、团体和组织建立合作，作为一种农业部门发展生物燃料的机会共享方式	325万
生物燃料生产促进计划（Biofuels Opportunities for Producers Initiative）	2006年7月颁布；2008年结束	教育/扶持	—	运输燃料（农业生产者）	为农民雇佣专家，帮助发展和分析扩展生物质能源的能力与经济可行性	2 000万
生态农业生物燃料资本计划（ecoAgriculture Biofuels Capital Intiative）	2006年12月颁布；2007年4月23日实施；2011年3月31日结束	鼓励性	是	运输燃料（农业生产者）	为新建和扩建生物燃料生产设施项目提供经济资助。每个项目可获得高达2 500万的经济资助或者25%的建设成本资金补偿	2亿

3. 加拿大财政部项目

项目名称	起止日期	类型	是否立法	目标领域	项目描述	资金
加速资本成本津贴发放（Class 43.1）（Accelerated Capital Cost Allowance for Class 43.1）	1996年颁布	鼓励性	是	工业	鼓励商业和工业减少能源浪费；为使用可再生能源作为能源来源的生产设备提供30%的资本成本补贴	—
取消可再生燃料消费税免除权（Removal of Excise Tax Exemption for Renewable Fuels）	2008年4月01日颁布	鼓励性	否	运输燃料	取消乙醇和生物柴油消费税免除权。该措施是为了与生物质能源计划（ecoEnergy for Biofuels Initiative）的实施保持一致	—
免除可再生燃料消费税（Tax Exemptions for Renewable Fuels）	1992年颁布（乙醇）；2003年颁布（生物柴油）；2008年3月31日停止	鼓励性	是	运输燃料（生产者/供给者）	鼓励可再生燃料在加拿大的生产和使用。乙醇消费税每升减少0.1加元，生物柴油每升减少0.04加元	—

4. 加拿大环境部项目

项目名称	起止日期	类型	是否立法	目标领域	项目描述	资金
联邦调控可再生燃料需求（Federal Regulation Requiring Renewable Fuels）	2006年12月颁布	目标/指标	否	运输燃料	2010年，可再生燃料占汽油总量的5%；2012年，可再生燃料占柴油和取暖油总量的2%。这些调控可以帮助减少温室气体排放每年达400万吨，相当于减少了100万辆路上行驶的汽车	—

5. 加拿大自然资源部项目

项目名称	起止日期	类型	是否立法	目标领域	项目描述	资金（加元）
生物燃料倡议 (Biodiesel Initative)	2003年8月颁布；2007年截止	教育	—	运输燃料（产业）	解决加拿大柴油的低成本生物质原料黄油和加拿大油菜的技术与市场壁垒	1 190万
生物质供给能源项目 (Biodiesel Initiative)	2000年开始	研发	—	生物质供给	评估农林部门的生物质资源并研究增加生物质能源原料供给的方法	由加拿大林业服务局资助
加拿大运输燃料电池联盟 (Biomass for Energy Program)	2001年开始；2008年3月截止	研发	—	运输燃料	演示和评估加拿大汽车燃料电池的燃料选择，促进有潜力转换成生物质原料的氢能和燃料电池技术的进步	3 300万
生态能源项目—生物燃料 (ecoEnergy for Biofuel)	2007年7月5日；2008年4月1日生效；2017年3月31日截止	鼓励性	—	运输燃料（生产者）	经济激励生物燃料生产者。项目实施前三年，用可再生能源替代汽油使用每升补贴0.1加元，用可再生能源替代柴油使用每升补贴0.2加元，随后逐渐降低补贴标准	15亿
生态能源项目—可再生电能 (ecoEnergy for Renewable Power)	2007年4月1日开始；2011年3月31日截止	鼓励性	—	电力供给	目的是增加清洁电能源的供给。该项目可以提供来自可再生能源的14.3万亿瓦小时电力，满足100万个家庭的用电需求	14.8亿
生态能源技术倡议—生物能源系统投资组 (ecoEnergy Technology Initiative-Biobased Energy System Portfolio)	2007年1月17日颁布；2011年截止	研发/开发	—	政府/产业/高校	利用生物资源潜力，生产生物能源，工业生物副产品和生物加工，以帮助加拿大工业及社区应对提高能源效率、降低有毒气体排放的挑战	2.3亿

续表

项目名称	起止日期	类型	是否立法	目标领域	项目描述	资金（加元）
能源研究与发展计划（Program of Energy Research and Development）生物能源系统技术计划（Bio-based Energy Systems and Technologies Program）	进行中	研发	—	政府/产业/高校	支持发展利用生物质生产生物燃料、生物材料、生物化工品等成本有效的技术，已达到降低加拿大工业能源消耗强度和减少温室气体排放的目标	由能源研究与发展处提供资金支持
促进林业体系创新和投资（Promoting Forest Innovation and Investment）	2007年2月8日颁布；2009年截止	研发	—	政府/产业	支持三项倡议：重建林业创新体系；加强转化技术投资；建立加拿大木质纤维中心	7 000万
技术创新与生物技术研发（Technology and Innovation Research and Development Biotechnology Program）	2003年开始；2008年截止	研发	—	政府/产业/高校	支持生物质能源增长和温室气体减排的研发	1.15亿

6. 其他

项目名称	起止日期	类型	是否立法	目标领域	项目描述	资金（加元）
加拿大可持续发展技术（Sustainable Development Technology Canada）	2001年开始	研发/发展	—	产业/基础设施	支持清洁能源示范性技术发展和商业化	5.5亿
	2007年开始；2015年结束			运输燃料（产业/基础设施/消费者）	支持建立一流的第二代生物质能源生产示范性技术项目和商业规模	5亿

加拿大各省政府发展生物质能源项目规划

1. 曼尼托巴省

项目名称	起止日期	类型	是否立法	目标领域	项目描述	资金（加元）
可再生燃料激励计划（Renewable Fuels Incentive）	2007年8月截止	鼓励性	—	运输燃料	省燃料乙醇税收抵免：在该省生产和消费乙醇，燃料税抵免每升0.20加元	—
	2007年9月开始；2010年8月截止				每升0.15加元	
	2010年9月开始；2013年8月截止				每升0.1加元	
	—				省生物柴油税收抵免：在该省消费生物柴油，燃料税抵免每升0.115加元	—
可再生燃料政策（Renewable Fuels Mandate）	—	指标	—	运输燃料	要求组成中含有10%的乙醇含量的汽油占总汽油量的85%	—

2. 新斯克舍省

项目名称	起止日期	类型	是否立法	目标领域	项目描述	资金（加元）
可再生燃料激励计划（Renewable Fuels Incentive）	2006年7月1日开始	鼓励性	—	运输燃料	该省满足美国测试和材料燃料质量规范的生物柴油生产，可免除每升0.154加元的动力燃料税	—

3. 阿尔伯塔省

项目名称	起止日期	类型	是否立法	目标领域	项目描述	资金（加元）
生物能源基础设施发展资助计划（Bioenergy Infrastructure Development Grant Program）	2008年开始；2009年截止	鼓励性	—	基础设施	利用行业/投资者/市政资金（资助金额最高为投入资本的35%），发展和扩大分销基础设施，以连接阿尔伯塔省生产的乙醇、生物柴油、沼气（甲烷）的市场	600万
生物能源生产者信贷计划（Bioenergy Producer Credit Program）	2006年10月颁布；2007年4月1日起执行；2011年3月31日截止	鼓励性	—	产业（供给方）	生物燃料和沼气生产者每年将获得每升0.14加元（生产能力每年小于1.5亿升，生产总值每年不超过1 500万加元）或每升0.09加元的补偿（生产能力每年大于1.5亿升，生产总值每年不超过2 000万加元）	2.09亿支持可再生燃料；3 000万支持商业化行动
生物产业网络发展（Bioindustrial Network Development）	—	政策倡议（策略）	否	产业	通过促进生物能源加工的示范和集成，增加区域发展和“集群”效率，减少对环境的影响	—
生物精炼产业和市场发展计划（Biorefining Commericialization and Market Development Program）	2008年实施；2009年截止	教育/鼓励性	—	产业	该计划主要用于发展阿尔伯塔省生物柴油、沼气和乙醇生产能力	2 400万
能源微型发电标准与政策修订（Energy Microgeneration Standards and Policy Revisions）	—	政策倡议（策略）	否	产业/基础设施	明确界定建立工厂加工处理设施标准，例如沼气和生物柴油加工设施；并通过跨部门的方式，确保及时、透明的投资审查	—

续表

项目名称	起止日期	类型	是否立法	目标领域	项目描述	资金（加元）
投资支持现有项目与生物质能源发展项目的整合（Investment Support through Existing Programs that Align with Bioenergy Development）	—	政策倡议（鼓励性）	否	投资规划	包括农业财政服务与合作规划、新一代发电合作倡议、产业发展研究与商业化等	—
国家可再生燃料标准与能源市场目标（National Renewable Fuel Standard and Energy Market Targets）	—	政策倡议（目标/指标）	否	运输燃料	与2010年5%的国家可再生燃料标准保持一致，确保市场稳定性，确保已有的生物柴油产业可获得可再生燃料政策的支持	—
特定风险物质处理协议（Specified Risk Material Disposal Protocol）	—	政策倡议（教育）	否	政府	通过生物能源技术调控，与联邦政府调查并建立安全处理特定风险物质的监管协议	—
生物能源部门的税收和投资手段（Taxation and Investment Instruments for the Bioenergy Sector）	—	政策倡议（教育）	否	政府	与联邦政府相关部门合作，提高生物能源产业的资金流动	—

4. 新不伦瑞克省

项目名称	起止日期	类型	是否立法	目标领域	项目描述	资金（加元）
可再生能源投资组合标准（Renewable Portfolio Standard）	—	政策	—	电力供应	省政府要求新不伦瑞克电力公司（NB Power）确保到2020年该省40%的省级电力销售来自可再生能源	—

5. 萨斯卡彻温省

项目名称	起止日期	类型	是否立法	目标领域	项目描述	资金（加元）
可再生燃料计划（Renewable Fuels Incentive）	—	鼓励性	是	运输燃料	为乙醇燃料分销商提供税收抵免：在该省生产和消费的乙醇，可享受每升 0.15 加元的税收抵免	—
可再生燃料政策（Renewable Fuels Mandate）	2005 年 11 月 1 日开始；2007 年 1 月 14 日截止	指标	是	运输燃料	要求乙醇占汽油消费量的 1%	—
	2007 年 1 月 15 日开始				要求乙醇占汽油消费量的 7.5%	—
萨省生物燃料投资机遇（Sakatchewan Biofuels Investment Opportunity）	2007 年 6 月颁布；2007 年 8 月 10 日开始	鼓励性	—	运输燃料（消费者）	为该省交通运输燃料的生产设施建设项目提供高达 1 000 万加元资金补偿，但要求该项目农民投资额不小于 5%	8 000 万

6. 不列颠哥伦比亚省

项目名称	起止日期	类型	是否立法	目标领域	项目描述	资金（加元）
可再生燃料激励计划（Renewable Fuels Incentive）	—	鼓励性	是	运输燃料	路税免除计划：使用乙醇作为燃料，在大温哥华地区燃料每升免除 0.137 5 加元，大温哥华以外地区每升免除 0.077 5加元；使用生物柴油，在大温哥华地区柴油每升免除 0.142 5 加元，大温哥华以外地区每升免除 0.082 5 加元	—

7. 安大略省

项目名称	起止日期	类型	是否立法	目标领域	项目描述	资金（加元）
标准优惠计划（Standard Offer Program）	2006年3月21日开始	鼓励性	—	电力供给	设定小型可再生能源发电项目的固定价格（上网电价）。在未来十年，该计划可以增加1 000兆瓦的可再生能源电力供给到安大略省的电力系统	—
安大略沼气系统的财政援助计划（Ontario Biogas System Financial Assistance Program）	2007年7月26日颁布；2007年9月6日执行；2010年3月31日截止	鼓励性		农业生产者与农业食品企业	该项目旨在促进可持续的沼气生产。该项目分为两个阶段，第一阶段提供财政资助沼气项目的可行性、规划和设计研究；第二阶段提供财政资助沼气建设项目	900万
安大略乙醇发展基金（Ontario Ethanol Growth Fund）	2005年6月17日颁布	鼓励性	—	运输燃料（生产者）（产业/基础设施）	提供：资本援助；经营补助；支持独立的乙醇和汽油搅拌机；研发基金，支持与鼓励研究与创新	
可再生燃料激励计划（Renewable Fuels Incentive）	2002年6月	鼓励性	—	运输燃料	在该省消费的生物柴油，可免税每升0.143加元	—
可再生燃料调控—安大略第535/05号法规（Renewable Fuels Mandate-Ontario Regulation 535/05）	2005年10月7日通过；2007年1月1日生效	指标	是	运输燃料	要求每年平均乙醇占总汽油量的5%	—

8. 魁北克省

项目名称	起止日期	类型	是否立法	目标领域	项目描述	资金（加元）
可再生燃料计划（2005～2006 预算）(Renewable Fuels Incentive)	2006 年 4 月 1 日开始；2018 年 3 月 31 日截止	鼓励性	—	运输燃料	在该省生产和消费乙醇，可以享受乙醇浮息收入税收抵免政策，每升抵免金额为 0.185 加元；同时，符合资格的企业还可以获得最多 1.824 亿加元的财政支持，最长可达 10 年之久	—
可再生燃料计划 (Renewable Fuels Incentive)	2006 年 3 月 23 日开始	鼓励性	—	运输燃料（消费者）	在该省消费的生物柴油，消费量（纯生物柴油）大于 3 000 升将享受每升 0.162 加元的退税福利	—
可再生燃料政策 (Renewable Fuels Mandate)	—	目标	否	运输燃料	设定 5%的乙醇汽油目标，并且该目标由第二代生物质能源（纤维素乙醇）生产满足	—

（二）LUAM-2006 程序

Sets

i major crops

/CORNS, OTHER, HAY, POTAT , ALFALFA, WHEATI , WHEATM , WHEATN , BARFDI, BARFDM, BARFDN, SOYI, SOYM, SOYN, CORNGI, CORNGM, CORNGN, OTHERR,POTATR/

j soil suitabilities

/cL1,cL2,cL3,cL4,cL5,cL6/;

Parameters

a(i) Agricultural area for crop i (km^2) in 2006

/ CORNS=14.656,OTHER=13.656,HAY=5.954,POTAT =0.634,ALFALFA=40.970,WHEATI = 29.470,WHEATM = 15.440,WHEATN = 22.280,BARFDI = 5.920,BARFDM=3.100,BARFDN = 4.470,SOYI = 48.050,SOYM = 25.180,SOYN = 36.340,CORNGI=51.890,CORNGM=27.190,CORNGN=39.240,OTHERR=7.975,POTATR =0.992/

b(j) Agricultural area for land type j (km^2)

/cL1 = 84.579, cL2 = 227.634, cL3 = 67.998, cL4 = 9.900, cL5 = 3.232, cL6 =0.064/

p(i) Price for crop i

/ CORNS=93.18,OTHER=532.83,HAY=92.95,POTAT =183.89,ALFALFA=93.17,WHEATI = 184.93, WHEATM = 184.92, WHEATN = 184.90, BARFDI = 204.94, BARFDM=204.98,BARFDN=204.84,SOYI=283.52,SOYM=283.54,SOYN=283.55, CORNGI = 124.91, CORNGM = 124.91, CORNGN = 124.90, OTHERR = 553.60, POTATR=184.01/

d(i) Average yield for crop i in 2006(yield in ton per hm^2)

/ CORNS=16.32,OTHER=2.38,HAY=6.77,POTAT=17.98,ALFALFA=7.39,WHEATI=4.62,WHEATM=4.62,WHEATN=4.62,BARFDI=3.28,BARFDM=3.28,BARFDN = 3.28, SOYI = 2.53, SOYM = 2.53, SOYN = 2.43, CORNGI = 7.88, CORNGM=7.66,CORNGN=7.21,OTHERR=2.70,POTATR=26.86/;

Table

y(i,j)　Yield of crop i on land type j (yield in ton per hm^2)

	cL1	cL2	cL3	cL4	cL5	cL6
CORNS	20.073	15.738	13.369	13.168	7.608	5.159
OTHER	2.924	2.292	1.947	1.918	1.108	0.751
HAY	7.925	6.907	6.232	6.067	4.859	3.603
POTAT	22.120	17.342	14.732	14.511	8.384	5.685
ALFALFA	8.652	7.541	6.804	6.624	5.305	3.934
WHEATI	5.683	4.455	3.785	3.728	2.154	1.461
WHEATM	5.683	4.456	3.785	3.728	2.154	1.461
WHEATN	5.685	4.457	3.786	3.729	2.154	1.461
BARFDI	4.031	3.160	2.684	2.644	1.528	1.036
BARFDM	4.031	3.160	2.684	2.644	1.528	1.036
BARFDN	4.037	3.165	2.688	2.648	1.530	1.037
SOYI	3.117	2.444	2.076	2.045	1.181	0.801
SOYM	3.117	2.443	2.076	2.044	1.181	0.801
SOYN	2.994	2.347	1.994	1.964	1.135	0.769
CORNGI	9.693	7.599	6.455	6.358	3.673	2.491
CORNGM	9.417	7.383	6.272	6.178	3.569	2.420
CORNGN	8.870	6.954	5.908	5.819	3.362	2.280
OTHERR	3.324	2.606	2.214	2.181	1.260	0.854
POTATR	33.036	25.900	22.002	21.672	12.521	8.490

;

Table

c(i,j)　Cost of crop i on land type j (dollar per hm^2)

	cL1	cL2	cL3	cL4	cL5	cL6
CORNS	656.62	656.62	656.62	656.62	656.62	656.62
OTHER	2 526.19	2 526.19	2 526.19	2 526.19	2 526.19	2 526.19
HAY	492.04	492.04	492.04	492.04	492.04	492.04
POTAT	2 652.13	2 652.13	2 652.13	2 652.13	2 652.13	2 652.13
ALFALFA	267.66	267.66	267.66	267.66	267.66	267.66

```
WHEATI     430.44    430.44    430.44    430.44    430.44    430.44
WHEATM     433.40    433.40    433.40    433.40    433.40    433.40
WHEATN     384.36    384.36    384.36    384.36    384.36    384.36
BARFDI     428.22    428.22    428.22    428.22    428.22    428.22
BARFDM     431.23    431.23    431.23    431.23    431.23    431.23
BARFDN     419.09    419.09    419.09    419.09    419.09    419.09
SOYI       409.45    409.45    409.45    409.45    409.45    409.45
SOYM       409.53    409.53    409.53    409.53    409.53    409.53
SOYN       412.31    412.31    412.31    412.31    412.31    412.31
CORNGI     783.40    783.40    783.40    783.40    783.40    783.40
CORNGM     762.75    762.75    762.75    762.75    762.75    762.75
CORNGN     789.55    789.55    789.55    789.55    789.55    789.55
OTHERR   4 487.04  4 487.04  4 487.04  4 487.04  4 487.04  4 487.04
POTATR   3 593.00  3 593.00  3 593.00  3 593.00  3 593.00  3 593.00
;
```

Variables

x (i,j)   area allocated to crop i on land type j

NR   total production of commodities on all landtype;

Positive variable x;

Equations

```
        Production     objective function
        CropArea (i) actual agricultural area for crop i
        LandType (j) actual agricultural area for land type j
        Bound 1(i)
        Bound 2(i);

CropArea (i) .. sum (j, x(i,j)) =e= a(i)* 1000;
LandType (j) .. sum (i, x(i,j)) =l=b(j)* 1000;
Production.. NR =e= sum(i,(p(i)* sum(j,y(i,j)* x(i,j))-sum(j,c(i,j)* x(i,j))));


Bound 1(i).. sum(j,x(i,j)* y(i,j))=g=0.99* d(i)* a(i)* 1000;
```

```
Bound 2(i).. sum(j,x(i,j)*y(i,j))=l=1.01*d(i)*a(i)*1000;
Model LUAM /ALL/;
Solve LUAM using lp maximizing NR;
PARAMETER LANDMATRIX(*,*);
LANDMATRIX(i,j)= X.L(I,J);
DISPLAY LANDMATRIX;
```

（三）CRAM-2020 新增可扩展土地程序代码及数据

```
Parameter LCOST1(R,Q,*);
LCOST1(R,Q,LANDTYPE) $ LANDUSE(R,Q,'cropland') = LCOST(R,LANDTYPE);

Parameter Div(*,*);
Div(r,q) = 0.01;

Set NEWLANDTYPE /
FOREST1
FOREST2
SHRUB1
SHRUB2
GRASSLAND1
GRASSLAND2
/;
```

Table LSUP(R,Q,NEWLANDTYPE) "Amount of various land supplies for clearing"

	FOREST1	FOREST2	SHRUB1	SHRUB2	GRASSLAND1	GRASSLAND2
BC.1	13.646	96.664	1.269	10.744	0.229	1.018
BC.2	12.708	102.565	1.039	5.355	0.008	0.034
BC.3	8.279	599.362	0.911	65.629	0.366	26.845
BC.4	0	0.168	0	0.012	0	0.001
BC.5	27.285	1741.402	1.728	222.516	0	40.698
BC.6	6.146	87.456	2.02	21.499	0	0.149
BC.7	6.076	687.185	1.089	79.561	0	0.615
BC.8	193.57	1717.074	7.553	176.699	0.013	12.299
AL.1	6.606	18.618	11.728	30.896	170.288	1987.043
AL.2	1.524	8.740	12.193	19.852	124.196	562.486
AL.3	22.432	238.726	238.726	87.388	234.165	297.862
AL.4	62.766	123.769	25.614	99.485	53.430	192.940

AL. 5	191.391	153.426	10.257	21.803	6.238	15.728
AL. 6	473.256	382.471	82.214	125.893	2.805	4.888
AL. 7	723.098	702.733	35.911	121.006	1.388	14.155
SA. 1	22.388	95.849	0.981	11.972	12.369	102.01
SA. 2	10.792	24.927	5.697	9.375	11.837	136.143
SA. 3	0.558	11.147	2.557	32.948	75.161	847.688
SA. 4	2.028	14.316	1.893	30.697	47.189	568.256
SA. 5	95.804	242.566	2.834	20.07	18.914	18.914
SA. 6	5.63	44.97	4.982	65.136	31.402	182.476
SA. 7	7.637	18.179	7.181	40.367	57.242	332.209
SA. 8	60.858	131.906	8.153	30.723	1.626	8.252
SA. 9	130.564	468.607	65.467	309.6	28.399	105.025
MA. 1	93.620	114.249	6.751	10.795	90.710	195.375
MA. 2	192.174	251.931	20.365	103.933	53.669	232.901
MA. 3	20.919	53.407	0.673	5.358	30.578	120.733
MA. 4	23.31	34.789	0.987	2.496	28.525	25.966
MA. 5	75.64	306.539	5.297	67.967	40.058	63.672
MA. 6	37.407	186.585	7.395	239.456	23.474	212.198
ON. 1	68.511	5.685	0.096	0.006	0.595	0.034
ON. 2	69.446	7.706	0.421	0.030	0.167	0.029
ON. 3	91.355	26.398	2.299	0.488	0.528	0.181
ON. 4	117.496	63.373	0.433	0.518	0.566	0.635
ON. 5	106.380	131.70	4.409	5.203	0.536	0.373
ON. 6	126.697	314.619	45.901	76.628	9.738	11.451
ON. 7	9.891	213.482	0.964	4.708	0.001	0
ON. 8	83.934	222.515	45.37	72.529	3.629	4.662
ON. 9	132.414	105.887	25.177	19.282	0.428	0.431
ON. 10	274.362	1210.274	109.004	131.05	0	0
QU. 1	176.70	226.98	6.78	15.63	0.153	0.775
QU. 2	41.61	172.57	8.20	21.19	0	0
QU. 3	14.86	69.75	0.69	5.63	0	0
QU. 4	7.24	69.66	0.22	5.07	0	0
QU. 5	16.01	259.46	0.11	3.06	0	0
QU. 6	16.28	57.59	0.54	2.69	0	0
QU. 7	110.32	291.52	10.77	22.59	0	0

QU. 8	22.23	801.88	1.66	70.53	0	0
QU. 9	16.80	313.41	0.45	7.04	0	0
QU. 10	53.11	152.76	1.25	1.70	0	0
QU. 11	13.55	179.66	0.34	5.11	0	0
NB. 1	947.01	2887.68	41.03	352.90	0.118	2.82
PE. 1	116.187	68.562	17.021	6.75	0.081	0.043
NS. 1	597.96	314.11	115.38	67.99	4.649	4.81
NF. 1	3.57	626.2	0.29	50.04	0.006	14.528

;

(四) LUAM-2020 程序

Sets

i **major crops**

/CORNS, OTHER, HAY, ALFALFA, POTAT , WHEATI , WHEATM , WHEATN , BARFDI, BARFDM, BARFDN, SOYI, SOYM, SOYN, CORNGI, CORNGM, CORNGN, OTHERR, POTATR, PGRASS, HPOPLAR/

j **soil suitabilities**

/cL1 , cL2 , cL3 , cL4 , cL5 , cL6/;

Parameters

a(i) **Agricultural area for crop i (khm^2) in 2020**

/ CORNS = 17.499, OTHER = 15.418, HAY = 6.442, ALFALFA = 44.33, POTAT=0.634, WHEATI=26.284, WHEATM=13.771, WHEATN=19.878, BARFDI =5.124, BARFDM=2.685, BARFDN=3.875, SOYI=54.252, SOYM=28.424, SOYN= 41.029, CORNGI=61.956, CORNGM=32.46, CORNGN=46.855, OTHERR=10.096, POTATR=0.992, PGRASS=1.00, HPOPLAR=1.00/

b(j) **Agricultural area for land type j (km^2)**

/cL1=93.31, cL2= 251.12, cL3=75.01, cL4=10.92, cL5=3.57, cL6=0.07/

p(i) **Price for crop i**

/ CORNS=109.92, OTHER=836.24, HAY=109.46, ALFALFA=109.47, POTAT=212.48, WHEATI=219.11, WHEATM=219.11, WHEATN=219.13, BARFDI= 189.31, BARFDM=189.39, BARFDN=189.32, SOYI=465.58, SOYM=465.63, SOYN= 465.48, CORNGI=189.49, CORNGM=189.49, CORNGN=189.49, OTHERR=779.60, POTATR=212.63, PGRASS=31.40, HPOPLAR=13.30/

d(i) **Average yield for crop i in 2020(yield in ton per hm^2)**

/ CORNS=21.99, OTHER=2.43, HAY=7.96, ALFALFA=8.70, POTAT= 23.25, WHEATI=5.28, WHEATM=5.28, WHEATN=5.28, BARFDI=3.43, BARFDM =3.43, BARFDN = 3.43, SOYI = 2.64, SOYM = 2.64, SOYN = 2.64, CORNGI = 8.88, CORNGM= 8.64, CORNGN = 8.16, OTHERR = 2.70, POTATR = 26.86, PGRASS = 6.00, HPOPLAR=7.50/

Table

y(i,j)　Yield of crop i on land type j (yield in ton per hm^2)

	cL1	cL2	cL3	cL4	cL5	cL6
CORNS	27.042	21.201	18.010	17.740	10.249	6.950
OTHER	2.984	2.340	1.987	1.958	1.131	0.767
HAY	9.326	8.128	7.333	7.140	5.718	4.240
POTAT	28.602	22.424	19.049	18.763	10.840	7.351
ALFALFA	10.187	8.879	8.010	7.799	6.246	4.631
WHEATI	6.491	5.089	4.323	4.258	2.460	1.668
WHEATM	6.490	5.088	4.323	4.258	2.460	1.668
WHEATN	6.489	5.087	4.322	4.257	2.459	1.668
BARFDI	4.221	3.309	2.811	2.769	1.600	1.085
BARFDM	4.222	3.310	2.812	2.770	1.600	1.085
BARFDN	4.213	3.303	2.806	2.764	1.597	1.083
SOYI	3.247	2.546	2.162	2.130	1.231	0.834
SOYM	3.247	2.546	2.162	2.130	1.231	0.835
SOYN	3.120	2.446	2.078	2.047	1.183	0.802
CORNGI	10.920	8.561	7.273	7.163	4.139	2.806
CORNGM	10.626	8.331	7.077	6.971	4.027	2.731
CORNGN	10.037	7.869	6.684	6.584	3.804	2.579
OTHERR	3.322	2.605	2.213	2.179	1.259	0.854
POTATR	33.036	25.900	22.002	21.672	12.521	8.490
PGRASS	7.027	6.125	5.526	5.380	4.308	3.195
HPOPLAR	8.093	7.907	7.537	7.264	7.244	5.606

;

Table

c(i,j)　Cost of crop i on land type j (dollar per hm^2)

	cL1	cL2	cL3	cL4	cL5	cL6
CORNS	1099.84	1099.84	1099.84	1099.84	1099.84	1099.84
OTHER	644.38	644.38	644.38	644.38	644.38	644.38
HAY	589.43	589.43	589.43	589.43	589.43	589.43
POTAT	4078.35	4078.35	4078.35	4078.35	4078.35	4078.35
ALFALFA	653.14	653.14	653.14	653.14	653.14	653.14

```
WHEATI      806.32   806.32   806.32   806.32   806.32   806.32
WHEATM      791.04   791.04   791.04   791.04   791.04   791.04
WHEATN      768.35   768.35   768.35   768.35   768.35   768.35
BARFDI      577.83   577.83   577.83   577.83   577.83   577.83
BARFDM      565.26   565.26   565.26   565.26   565.26   565.26
BARFDN      558.41   558.41   558.41   558.41   558.41   558.41
SOYI        596.55   596.55   596.55   596.55   596.55   596.55
SOYM        593.11   593.11   593.11   593.11   593.11   593.11
SOYN        607.96   607.96   607.96   607.96   607.96   607.96
CORNGI     1070.18  1070.18  1070.18  1070.18  1070.18  1070.18
CORNGM     1028.87  1028.87  1028.87  1028.87  1028.87  1028.87
CORNGN     1048.26  1048.26  1048.26  1048.26  1048.26  1048.26
OTHERR     1576.66  1576.66  1576.66  1576.66  1576.66  1576.66
POTATR     4910.04  4910.04  4910.04  4910.04  4910.04  4910.04
PGRASS      181.04   181.04   181.04   181.04   181.04   181.04
HPOPLAR     329.55   329.55   329.55   329.55   329.55   329.55
;
Scalar tolerance /0.99/;
variables
     x(i,j)       area allocated to crop i on land type j
     z        total production of commodities on all landtype ;
Positive variable x;
Equations
     production    objective function
     CropArea (i) actual agricultural area for crop i
     LandType(j)   actual agricultural area for land type j
     Bound1(i)
     Bound2(i);

CropArea(i) .. sum(j,x(i,j)) =g= a(i)*1000*0.99;
LandType(j) .. sum(i,x(i,j)) =e=b(j)*1000;
production .. z =e= sum(i,(p(i)*sum(j,y(i,j)*x(i,j))-sum(j,c(i,j)*x(i,j))));

Bound1(i).. sum(j,x(i,j)*y(i,j))=g=0.99*d(i)*a(i)*1000;
```

```
Bound2(i).. sum(j,x(i,j)*y(i,j))=l=1.01*d(i)*a(i)*1000;
Model LUAM /ALL/;
Solve LUAM using lp maximizing z;
PARAMETER LANDMATRIX(*,*);
LANDMATRIX(i,j)= X.L(I,J);
OPTION LANDMATRIX:1:1:1;
DISPLAY LANDMATRIX;
```

（五）加拿大各省温室气体排放与变化

表 1　不列颠哥伦比亚省温室气体排放和变化（千吨二氧化碳当量）

类别	2017 基础情景	情景一	情景二
		与基础情景的差异	
IPCC 统计农业排放			
作物生产	98.24	0.16	0.22
畜牧生产	1 699.97	−3.78	−2.35
间接排放	168.80	−0.11	0.01
总排放（IPCC）	1 967.01	−3.73	−2.12
其他直接排放			
其他作物生产	44.28	25.18	25.62
农业生产过程中运输、储存和其他能源使用	173.91	−0.12	−0.05
净排放（其他直接）	218.19	25.06	25.57
总直接排放	2 185.20	21.33	23.45
间接排放、农产品生产与加工和生物质能源排放			
农业投入	290.03	−0.18	−0.31
农业生产之外的运输、储存	14.35	0.20	0.25
农产品生产与加工	3 699.57	−59.53	−80.23
生物质能源			
生物质发电	0.00	0.00	0.00
生物乙醇（谷物）	0.00	0.00	0.00
生物乙醇（其他生物质）	0.00	0.00	0.00
生物柴油	0.00	0.00	0.00
总间接排放、粮食生产和生物质能源排放	4 003.95	−59.51	−80.30
农业部门温室气体总排放量	6 189.16	−38.17	−56.85

表 2 阿尔伯塔省温室气体排放和变化（千吨二氧化碳当量）

类别	2017 基础情景	情景一	情景二
		与基础情景的差异	
IPCC 统计农业排放			
作物生产	6 859.02	−48.97	−99.4
畜牧生产	10 214.74	−218.41	−358.26
间接排放	1 783.12	−11.66	−19.48
总排放（IPCC）	18 856.88	−279.04	−477.14
其他直接排放			
其他作物生产	4 499.25	−87.26	−144.83
农业生产过程中运输、储存和其他能源使用	1 347.02	−3.51	−5.6
净排放（其他直接）	5 846.27	−90.77	−150.43
总直接排放	24 703.15	−369.81	−627.57
间接排放、农产品生产与加工和生物质能源排放			
农业投入	6 843.88	226.7	481.4
农业生产之外的运输、储存	293.55	−18.99	0.00
农产品生产与加工	3 328.18	−102.04	−171.43
生物质能源			
生物质发电	0.00	−10.46	−219.42
生物乙醇（谷物）	−309.67	−134.96	−99.67
生物乙醇（其他生物质）	−4.27	−729.48	−545.29
生物柴油	0.00	−903.19	−785.97
总间接排放、粮食生产和生物质能源排放	10 151.67	−1 672.42	−1 340.38
农业部门温室气体总排放量	34 854.82	−2 042.23	−1 967.95

表 3　萨斯卡彻温省温室气体排放和变化（千吨二氧化碳当量）

类别	2017 基础情景	情景一	情景二
		与基础情景的差异	
IPCC 统计农业排放			
作物生产	14 503.38	−781.37	−885.71
畜牧生产	6 337.23	−347.01	−393.01
间接排放	1 635.29	−19.72	−22.57
总排放（IPCC）	22 475.90	−1 148.10	−1 301.29
其他直接排放			
其他作物生产	793.36	−37.57	−42.82
农业生产过程中运输、储存和其他能源使用	1 171.93	93.63	117.63
净排放（其他直接）	1 965.29	56.06	74.81
总直接排放	24 441.19	−1 092.04	−1 226.48
间接排放、农产品生产与加工和生物质能源排放			
农业投入	4 781.15	821.01	1 149.54
农业生产之外的运输、储存	484.53	−99.01	−104.06
农产品生产与加工	1 561.09	−163.89	−165.09
生物质能源			
生物质发电	0.00	−55.10	−915.55
生物乙醇（谷物）	−619.34	58.22	54.83
生物乙醇（其他生物质）	−1.23	−3 777.88	−2 272.62
生物柴油	−232.35	−1 308.49	−1 433.33
总间接排放、粮食生产和生物质能源排放	5 973.85	−4 525.14	−3 686.28
农业部门温室气体总排放量	30 415.04	−5 617.18	−4 912.76

表 4 曼尼托巴省温室气体排放和变化（千吨二氧化碳当量）

类别	2017 基础情景	情景一	情景二
		与基础情景的差异	
IPCC 统计农业排放			
作物生产	3 733.11	−71.40	−77.49
畜牧生产	3 957.79	−347.39	−347.34
间接排放	1 076.90	−23.60	−23.90
总排放（IPCC）	8 767.80	−442.39	−448.73
其他直接排放			
其他作物生产	123.70	−8.76	−8.86
农业生产过程中运输、储存和其他能源使用	381.13	79.35	94.15
净排放（其他直接）	504.83	70.59	85.29
总直接排放	9 272.63	−371.80	−363.44
间接排放、农产品生产与加工和生物质能源排放			
农业投入	1 298.89	23.99	29.85
农业生产之外的运输、储存	85.00	−23.90	−23.23
农产品生产与加工	1 783.44	−172.19	−175.68
生物质能源			
生物质发电	−2.55	−752.60	−1146.90
生物乙醇（谷物）	−309.67	109.42	108.22
生物乙醇（其他生物质）	−71.34	−995.87	52.96
生物柴油	−785.03	−356.77	−349.17
总间接排放、粮食生产和生物质能源排放	1 998.74	−2 167.92	−1 503.95
农业部门温室气体总排放量	11 271.37	−2 539.72	−1 867.39

表 5　安大略省温室气体排放和变化（千吨二氧化碳当量）

类别	2017 基础情景	情景一	情景二
		与基础情景的差异	
IPCC统计农业排放			
作物生产	1 318.58	−529.29	−687.34
畜牧生产	4 525.25	−90.73	−82.76
间接排放	780.95	−6.94	−5.62
总排放（IPCC）	6 624.78	−626.96	−775.72
其他直接排放			
其他作物生产	−1 118.72	5.82	7.33
农业生产过程中运输、储存和其他能源使用	1 104.48	−34.95	−57.85
净排放（其他直接）	−14.24	−29.13	−50.52
总直接排放	6 610.54	−656.09	−826.24
间接排放、农产品生产与加工和生物质能源排放			
农业投入	878.48	−6.68	−6.97
农业生产之外的运输、储存	132.44	−0.61	−0.74
农产品生产与加工	11 504.26	−2 354.29	−3 213.64
生物质能源			
生物质发电	0.00	−45.00	−894.92
生物乙醇（谷物）	−2 791.18	1 163.41	−4 594.30
生物乙醇（其他生物质）	0.00	−3 184.54	−803.94
生物柴油	0.00	0.00	0.00
总间接排放、粮食生产和生物质能源排放	9 724.00	−4 427.71	−9 514.51
农业部门温室气体总排放量	16 334.54	−5 083.80	−10 340.75

表 6　魁北克省温室气体排放和变化（千吨二氧化碳当量）

类别	2017 基础情景	情景一	情景二
		与基础情景的差异	
IPCC 统计农业排放			
作物生产	499.95	−339.12	−353.18
畜牧生产	3 966.69	−4.05	−4.43
间接排放	599.93	−0.59	−0.66
总排放（IPCC）	5 066.57	−343.76	−358.27
其他直接排放			
其他作物生产	−1 219.35	−0.11	−0.16
农业生产过程中运输、储存和其他能源使用	709.85	−51.05	−50.96
净排放（其他直接）	−509.5	−51.16	−51.12
总直接排放	4 557.07	−394.92	−409.39
间接排放、农产品生产与加工和生物质能源排放			
农业投入	502.43	−5.99	−4.53
农业生产之外的运输、储存	16.39	−2.97	−3.13
农产品生产与加工	7 521.02	−1 658.48	−1 774.75
生物质能源			
生物质发电	−42.92	6.63	−202.65
生物乙醇（谷物）	−381.31	285.97	88.66
生物乙醇（其他生物质）	−297.42	−2 879.94	−2 074.48
生物柴油	0.00	0.00	0.00
总间接排放、粮食生产和生物质能源排放	7 318.19	−4 254.78	−3 970.88
农业部门温室气体总排放量	11 875.26	−4 649.70	−4 380.27

表 7　新不伦瑞克省温室气体排放和变化（千吨二氧化碳当量）

类别	2017 基础情景	情景一	情景二
		与基础情景的差异	
IPCC 统计农业排放			
作物生产	80.16	−0.09	0.04
畜牧生产	14.22	0.03	0.03
间接排放	164.57	−0.49	−0.75
总排放（IPCC）	258.95	−0.55	−0.68
其他直接排放			
其他作物生产	−16.37	0.00	0.00
农业生产过程中运输、储存和其他能源使用	51.77	0.37	1.48
净排放（其他直接）	35.4	0.37	1.48
总直接排放	294.35	−0.18	0.80
间接排放、农产品生产与加工和生物质能源排放			
农业投入	315.93	−1.01	−1.45
农业生产之外的运输、储存	8.76	−0.10	−0.19
农产品生产与加工	1 307.76	−7.06	20.48
生物质能源			
生物质发电	0.00	0.00	0.00
生物乙醇（谷物）	0.00	0.00	0.00
生物乙醇（其他生物质）	0.00	0.00	0.00
生物柴油	0.00	0.00	0.00
总间接排放、粮食生产和生物质能源排放	1 632.45	−8.17	18.84
农业部门温室气体总排放量	1 926.80	−8.35	19.64

表 8 新斯克舍省温室气体排放和变化（千吨二氧化碳当量）

类别	2017 基础情景	情景一	情景二
		与基础情景的差异	
IPCC 统计农业排放			
作物生产	48.24	−0.26	−0.82
畜牧生产	242.42	0.14	0.02
间接排放	113.41	−0.69	−1.85
总排放（IPCC）	404.07	−0.81	−2.65
其他直接排放			
其他作物生产	3.93	0.00	0.00
农业生产过程中运输、储存和其他能源使用	17.45	0.02	0.00
净排放（其他直接）	21.38	0.02	0.00
总直接排放	425.45	−0.79	−2.65
间接排放、农产品生产与加工和生物质能源排放			
农业投入	205.03	−1.42	−3.70
农业生产之外的运输、储存	5.18	0.02	0.11
农产品生产与加工	2 017.70	−2.47	−0.52
生物质能源			
生物质发电	0.00	0.00	0.00
生物乙醇（谷物）	0.00	0.00	0.00
生物乙醇（其他生物质）	0.00	0.00	0.00
生物柴油	0.00	0.00	0.00
总间接排放、粮食生产和生物质能源排放	2 227.91	−3.87	−4.11
农业部门温室气体总排放量	2 653.36	−4.66	−6.76

表 9　纽芬兰与拉布拉多省温室气体排放和变化（千吨二氧化碳当量）

类别	2017 基础情景	情景一	情景二
		与基础情景的差异	
IPCC 统计农业排放			
作物生产	3.33	−0.03	−0.07
畜牧生产	49.12	−0.75	−0.74
间接排放	11.82	−0.12	−0.21
总排放（IPCC）	64.27	−0.90	−1.02
其他直接排放			
其他作物生产	493.75	−11.98	−11.80
农业生产过程中运输、储存和其他能源使用	5.59	−0.14	−0.14
净排放（其他直接）	499.34	−12.12	−11.94
总直接排放	563.61	−13.02	−12.96
间接排放、农产品生产与加工和生物质能源排放			
农业投入	725.91	0.58	0.55
农业生产之外的运输、储存	0.22	0.02	0.02
农产品生产与加工	1 653.41	−28.45	−25.60
生物质能源			
生物质发电	0.00	0.00	0.00
生物乙醇（谷物）	0.00	0.00	0.00
生物乙醇（其他生物质）	0.00	0.00	0.00
生物柴油	0.00	0.00	0.00
总间接排放、粮食生产和生物质能源排放	2 379.54	−27.85	−25.03
农业部门温室气体总排放量	2 943.15	−40.87	−37.99

表 10　爱德华王子岛省温室气体排放和变化（千吨二氧化碳录量）

类别	2017 基础情景	情景一	情景二
		与基础情景的差异	
IPCC 统计农业排放			
作物生产	89.73	0.94	2.09
畜牧生产	150.95	0.36	0.38
间接排放	160.05	1.29	2.80
总排放（IPCC）	400.73	2.59	5.27
其他直接排放			
其他作物生产	−44.61	−0.44	−0.44
农业生产过程中运输、储存和其他能源使用	50.79	0.86	3.16
净排放（其他直接）	6.18	0.42	2.72
总直接排放	406.91	3.01	7.99
间接排放、农产品生产与加工和生物质能源排放			
农业投入	295.82	2.56	5.64
农业生产之外的运输、储存	0.34	0.07	0.06
农产品生产与加工	701.35	11.45	36.00
生物质能源			
生物质发电	0.00	0.00	0.00
生物乙醇（谷物）	0.00	0.00	0.00
生物乙醇（其他生物质）	0.00	0.00	0.00
生物柴油	0.00	0.00	0.00
总间接排放、粮食生产和生物质能源排放	997.51	14.08	41.70
农业部门温室气体总排放量	1 404.42	17.09	49.69

（六）加拿大各省碳税实施经验总结与评价

省份	经验	评价
不列颠哥伦比亚	2008年2月19号，不列颠哥伦比亚宣布了从2008年7月1日起，征收每吨10加元的CO_2排放税使得不列颠哥伦比亚成为北美洲第一个立法征收这种税的地区。这个税收将会每年增长直到2012年，最终达到每吨30加元。与以前的议题不同的是，立法部门将通过降低公司税和所得税的办法，平衡碳税负，使得碳税的作用保持中性。此外，在2008年之后的三年里，政府的减税措施在抵消了碳税之后，还相对减少了4.81亿加元。在税收实际生效前，从2007年12月31日，不列颠哥伦比亚政府从预期收入里给所有当地居民发出了“退税支票”	这个碳税将在政策实施的头三年里带来大约18.5亿加元的收入，这些收入据信将归还给企业和个人
阿尔伯塔	2007年7月，阿尔伯塔省政府出台一项碳税政策，强制要求年排放温室气体超过100 000吨的企业减少12%的碳排放，否则这些企业需要缴纳每吨15加元给一个技术基金或者购买阿尔伯塔省对抗碳排放所花的费用。这个计划仅仅针对那些占阿尔伯特省70%排放的大公司。人们存在这样一种担心，就是那些小的碳排放企业往往是最随意释放和污染的来源。因为阿尔伯塔省是加拿大最大的碳排放区域，当地的大部分居民强烈反对全国性的碳税征收。人们担心全国性的碳税将会导致阿尔伯塔省的经济遭受一个相对其他省份更为严重的冲击。阿尔伯塔省的碳税要求税金留滞在阿尔伯塔省的范围内	油砂公司和煤火电发电厂是碳税政策的首当其冲。碳税将会给这些企业一个实在的刺激，刺激他们降低温室气体排放的同时提高技术水平，使得减排能够相对容易些

续表

省份	经验	评价
曼尼托巴	从2011年7月引入对煤燃烧10加元/吨（二氧化碳当量）的碳税	由于碳税政策直到2011年才实施，所以无法进行经验性的评估，但是可以预期的是这将会减少整个省的煤炭使用量。与此同时，碳税政策的缓冲期会给私营部门针对这个变化公平的机会去计划和调整，同时也给省政府和那些想利用资本支持的企业的合作提供了时间
魁北克	从2007年10月1日起，魁北克成为加拿大第一个在烃类（石油、天然气和煤炭）上征收碳税的省，强制要求能源生产商、分销商和提炼商缴纳大约1年2亿加元税，构成了一个抗击全球变暖的宏大计划。大约50个能源公司被要求缴纳这种税。石油企业被要求缴纳在魁北克销售省汽油每升0.8加分的税金，而柴油则要缴纳0.938加分。这项税款将会使得汽油销售减少6 900万加元，柴油销售减少3 600万加元，供暖油每年减少4 300万加元。按照2008年3月的外汇比例，汽油税相当于每加仑3.1美分，柴油税则是每加仑3.6美分	由于在魁北克只有一小部分电力是由化石燃料提供的（事实上全是由烃类电力提供），电价将不会受到重大的影响

（七）加拿大各省碳排放权交易设计与实践总结及评价

省份	经验	评价
不列颠哥伦比亚	2007年4月，不列颠哥伦比亚加入了西部气候计划（WCI）。 目标：到2020年减少相对于2007年33%的温室气体排放。 不列颠哥伦比亚政府于2008年5月采取议会通过的温室气体减排（限额交易）行动	因为限额交易系统仍然正在被设计，无法进行经验性的评价，但是相对较晚的实施时间（2012）以及限制在一个通常水平线上的执行标注，会导致温室气体减排被明显地拖延
曼尼托巴	加入了WCI。 目标：到2012年减少相对于1990年6%的温室气体排放	在WCI系统中，减排计划被明显地拖延
安大略	2008年6月，安大略与魁北克签署了一个谅解备忘录，他们共同合作建构一个“区域市场多部门联合温室气体限额和交易系统，这个系统是基于一个具有实操性的最早将于2010年1月1号实施的减排计划”。 2008年7月，安大略作为一个全责伙伴加入了WCI。 目标：安大略气候变化行动计划要求到2020年，相对于1990年减少6%，相对于2014年减少15%温室气体排放。 2009年5月27日，安大略政府发布了最早于2012年实施的温室气体限额交易制度。他们推出了185号法案，这将会扩大政府的制度制定部门去实施限额交易制度。此外，还发布了更新的文件指明如何使得这个制度成型。 2009年12月3日，安大略立法会通过了环境保护修正案（温室气体排放交易）2009	第185号法案要求安大略的计划连接北美和国外其他制度。向外看齐的制度将会最大化工业的贸易机会，从而帮助他们在温室气体减排中降低成本

续表

省份	经验	评价
魁北克	2008 年 4 月，魁北克加入了 WCI。与安大略签署了共同操作备忘录，这个备忘录设计和实现了 2010 年生效的限额交易制度。 魁北克出台了 42 号法案，这是一个修正环境质量行动和气候变化相关议题的法案，它为省温室气体排放限额交易制度提出了一个框架。 2009 年 6 月 18 日，魁北克采取了一个法律政策，通过加入 WCI，给政府在北美实施温室气体限额交易制度提供了权力	第 42 号法案的实施将能够增强魁北克实现 WCI 成员承诺的能力
阿尔伯塔	2008 年 2 月，抵消额度计划指导文件 1.2 版本发布。2009 年 12 月，抵消额度计划的 2.0 版本技术指导版本发布。 没有能够实现降低温室气体排放义务的一般机构将会通过以下三种机制去实现他们的排放义务：①购买或者使用温室气体排放行为额度*；②向气候变化和排放管理基金捐款（15 加元每吨 CO_2 排放）；③购买阿尔伯塔抵消额度	从一定程度上减少了温室气体排放量

*能够超过温室气体减排目标的一般实体可以产生由阿尔伯塔环境局给予的排放表现额度（EPC）。这些额度可以存起来在以后的排放中使用，或者出售给其他那些没能够实现减排义务的其他机构。